含章 新实用

美食菜谱 / 中医理疗

阅读图文之美 / 优享健康生活

零基础
西式点心教科书

烘焙大师教你 118 种
美味的西式点心一次就成功

黎国雄　主编

江苏凤凰科学技术出版社

轻松变身西点师

顾名思义，西点就是来自欧美等西方国家和地区的糕点。Baking Food是西点的英文名字，Baking是烘焙的意思，可见西点的主要制作方式就是烘焙。

西点传入中国的时间不长，在19世纪初期，烘焙技术才算是真正地来到了中国，并且也只是出现在大型城市，人们对面包等西式点心的接受程度还不是很高。但是随着经济的发展，这种精致小巧的点心越来越受到人们的喜爱，并且有越来越多的人迷恋上了自己制作西点，把它当成是生活的调剂品。

西点中最受人们欢迎的是蛋糕类、饼干类和混酥类的点心，欧美人把它们当成饭后甜点，而到了中国，它们成了下午茶的宠儿。西点的用料很精细，面皮、油皮、酥心等制作材料精确到克，原料间的比例都直接影响到最后的口感。西点的原料主要是油、蛋、糖、乳、干果等，从营养价值上来讲，对人体是极为有益的。

其实，每一道西点都像是一件工艺品，摆在茶桌上，它显示的是一种生活情调。精致好看的外表注定了西点的制作过程非常繁杂，同时还要发挥糕点师的想象力，给点心加上漂亮的外形和点缀。如果你是一个富有生活情趣且创造力极佳的人，那么不如动手来做专属自己的点心吧。

与中式点心甜咸皆宜的特点不同，西点的口味是以甜为主，习惯加入糖、乳制品、动植物油来打造香甜的口感，各种水果派、水果塔、蛋塔都受到人们的青睐，皮的松脆和馅儿的软香在口腔里混合成不一样的感觉，打动着人们的味蕾。

本书分三部分介绍了118道最受欢迎的西点，读者可根据自身需要选择初级、中级和高级进行循序渐进的学习。书中配有详细步骤分解图，使读者一目了然，材料间的用料搭配更是精确到克，即便是初学者，也可以轻松上手。下面就让我们一起进入甜蜜的西点世界吧！

目录 CONTENTS

Part 1 西点制作须知

Part 2 初级西点入门

Part 3

中级西点入门

Part 4

高级西点入门

PART 1 西点制作须知

西点就是西式烘焙食品，可以做主食，也可以做点心。本章内容主要包括西点的起源、发展、种类，西点制作过程中的一些专业术语解释，以及制作西点的原料、工具等，将西点制作过程中可能遇到的问题一一解决。

制作西点的基本原料

香喷喷的凤梨酥、甜脆的瓜子仁脆饼、可口的书夹酥……这些美味的西点不只在西饼屋才有，因为它们完全可以出自你的手。只要你准备好以下西点原料，再好好学习西点的制作步骤，就能吃上自己亲手做的美味西点。

泡打粉

又名发酵粉，化学膨大剂的一种，是由苏打粉配合其他酸性材料，并以玉米粉为填充剂制成的白色粉末，属于中性。泡打粉在接触水分、酸性及碱性粉末时，溶于水中而起反应，有一部分会开始释放出二氧化碳，同时在烘焙加热的过程中，会释放出更多的气体，这些气体会使产品达到膨胀及松软的效果。如果过量使用泡打粉，反而会使成品组织粗糙，影响风味甚至外观。

砂糖

作为制作西点的主要材料，砂糖在烘焙中的作用不容小视，它不仅能增加甜度，还可以帮助打发的全蛋或蛋白更持久地形成浓稠的泡沫状，帮助打发的黄油呈蓬松的羽毛状，能使糕点组织柔软细致，并可使糕点上色、保湿及延长保存时间。应选用颗粒较细小的精制砂糖。

油脂

是油和脂的总称，一般在常温下呈液态

的称为油，呈固态或半固态的称为脂，油脂不仅有调味作用，还能提高食品的营养价值。在西点的制作过程中添加油脂，还能大大提高面团的可塑性，并使成品柔软光亮。

面粉

面粉是制作西点最主要的原料，其品种繁多，在使用时要根据需要进行选择。面粉的气味和滋味是鉴定其质量的重要感官指标。好面粉闻起来有新鲜而清淡的香味，嚼起来略具甜味。凡是有酸味、苦味、霉味或腐臭味的面粉都属变质面粉。

乳品

乳品中的脂肪，带给人浓郁的奶香味。在烘烤西点时，乳品能使低分子脂肪酸挥发，奶香更加浓郁。同时，乳品中含有丰富的蛋白质和人体所需的氨基酸，维生素和矿物质的含量也很丰富。而面粉中的蛋白质是一种不完全蛋白质，缺少赖氨酸、色氨酸和蛋氨酸等人体必需氨基酸。所以，在西点中添加乳品可以提高成品的营养价值。

鸡蛋

西点中加入鸡蛋不仅有增加营养的效果，还能增加西点的风味，并能利用鸡蛋中的水分参与构建西点的组织，令西点柔软美味。

烘焙专用奶粉

烘焙专用奶粉是以天然牛乳蛋白、乳糖、动物油脂混合，采用先进加工技术，通过混合均质、喷雾干燥所得，含有乳蛋白和乳糖，风味接近奶粉，可全部或部分取代奶粉。与其他原料相比，在同样剂量的条件下，烘焙专用奶粉具有体积小、重量轻、耐保藏和使用方便等特点，可以使焙烤制品的颜色更诱人，香味更浓厚。

蛋白稳定剂

一般做蛋糕的常用蛋白稳定剂叫“塔塔粉”，塔塔粉在蛋白中起的作用是增强食品中的酸味，通过缓冲作用来调整食品中的pH，还能通过溶解蛋清来延缓蛋白霜的老化。

绿茶粉

能使产品着色，增加香味。

即溶吉士粉

是一种混合型的佐料，呈淡黄色粉末状，具有浓郁的奶香味和果香味，由疏松剂、稳定剂、食用香精、食用色素、奶粉、淀粉和填充剂组合而成，主要作用是增香、增色、增松脆，并使制品定性，增强黏滑性。

各类坚果肉

增强产品质感和作装饰用。

除以上介绍的材料外，还有一些原材料就不一一介绍了，希望爱吃西点的读者可以灵活运用以上原料，做出可口的西点。

制作西点的基本工具

除了准备原料，制作西点的工具也必不可少。以下为你介绍一些制作西点的常用工具。

和面机

和面机又称“拌粉机”，主要用作拌和各种粉料。它主要由电动机、传动装置、面箱搅拌器、控制开关等部件组成，利用机械运动将粉料、水或其他配料制成面坯，常用于大量面坯的调制。和面机的工作效率比手工操作高5～10倍，是面点制作中最常用的机器。

注意事项：

不要放过多的原材料进入和面机，以免机器高负荷运转而致损坏。

打蛋器

打蛋器又称“搅拌机”，它由电动机、传动装置、搅拌桶等组成。它主要利用搅拌器的机械运动搅打蛋液、调味酱汁、奶油等，一般具有分段变速或无级变速功能。多功能的打蛋器还兼有和面、搅打、拌馅等功能，用途较为广泛。打蛋器可以将鸡蛋的蛋清和蛋黄打散并充分融合成蛋液，将蛋清和蛋黄打到起泡，可使搅拌的工作更加快速有效。

注意事项:

① 必须有保护接地。

② 保持机器工作平稳，不可使整机在晃动下工作。

③ 不可以用水冲洗设备。

④ 不可超量搅拌。

⑤ 如用搅拌棒搅拌馅料时，请用 5 档以下搅拌。

擀面杖

擀面杖呈圆柱形，用来在平面上滚动，挤压面团等可塑性食品原料。西点中用于小量的酥类面包和糕点制作。

注意事项:

最好选择木制结实、表面光滑的擀面杖，尺寸依据用量选择。

量杯

杯壁上有标示容量，可用来量取材料，如水、油等，通常有不同大小可供选择。

注意事项:

① 读数时注意刻度。

② 不能作为反应容器。

③ 不能放入发酵箱。

通心槌

通心槌又称“走槌”，是擀大块面团的必备工具，如用于大块油酥面团的起酥、卷形面点的制皮等。

注意事项:

使用时不要太用力，以免造成器具的损坏。

发酵箱

发酵箱为面团醒发专用，能按要求控制温度和湿度。发酵箱的工作原理是靠电热管将水槽内的水加热蒸发，使面团在一定温度和湿度下充分地发酵、膨胀。

注意事项:

① 不要人为地先加热后加湿，这样会使湿度开关失效。

② 醒发的温度一般控制在 35 ~ 38℃，丹麦类除外。温度太高，面团内外的温差较大，面团的醒发就会不均匀，易造成表面结皮；而温度太低，醒发时间过长，则会造成内部颗粒粗。

③ 通常醒发湿度为 80% ~ 85%，湿度太大，烤出来的制品颜色深，表皮韧性过大，出现气泡。

④ 一般醒发时间是以达到成品的 80% ~ 90%为准，通常是 60 ~ 90 分钟，醒发过度，面团内部组织不好，颗粒粗，表皮呆白；醒发不足，面团体积小，顶部形成一层盖，表皮呈红褐色，边皮有燃焦现象。

毛刷

多为羊毛制品，用来刷蛋液、奶油、果胶等。

注意事项:

每次用完后须洗净毛刷，保持其干净。

常见西点名词解释

西点属于泊来品，它是西方民族饮食文化的重要组成部分，工艺较复杂，技术性强。在制作过程中为了使操作者能准确掌握、提高制作技能，现罗列一些常见的西点名词。

慕斯——是英文 MOUSSE 的译音，又被译成“木司”“莫司”“毛士”等。它是将鸡蛋、奶油分别打发充气后，与其他调味品调和而成，或将打发的奶油拌入馅料和明胶水制成的松软形甜食。

泡芙——是英文 PUFF 的译音，又被译成“卜乎”，也称“空心饼”“气鼓”等。它是以水或牛奶加黄油煮沸后烫制面粉，再搅入鸡蛋，通过挤糊、烘烤、填馅料等工艺而制成的一类点心。

曲奇——是英文 COOKITS 的译音。它是以黄油、面粉加糖等主料经搅拌、挤制、烘烤而成的一种酥松的饼干。

布丁——是英文 PUDDING 的译音。它是以黄油、鸡蛋、白糖、牛奶等为主要原料，配以各种辅料，通过蒸或烤制而成的一类柔软点心。

派——是英文 PIE 的译音，又被译成“排”“批”等。它是一种油酥面饼，内含水果或馅料，常用圆形模具做坯模。按口味分有甜、咸两种，按外形分有单层皮派和双层皮派。

塔——是英文 TART 的译音，又被译成“挞”。它是以油酥面团为坯料，借助模具，通过制坯、烘烤、装饰等工艺而制成的内盛水果或馅料的一类较小型点心，其形状可因模具的变化而变化。

黄酱子——又称“黄少司”“黄酱”“克司得”“牛奶酱”等。它是用牛奶、蛋黄、淀粉、糖及少量的黄油制成的糊状物体。它是西点中用途较广泛的一种半成品，多用于做馅，如气鼓馅等。

糖霜皮——又称“糖粉膏”“搅糖粉”等。它是用糖粉加鸡蛋清搅拌而成的质地洁白、细腻的制品。它是制作白点心、立体大蛋糕和展品的主要原料，其制品具有形象逼真、坚硬结实、摆放时间长的特点。

膨松奶油——是用鲜奶油或人造奶油加糖搅打制成的，在西点中的用途非常广泛。

黄油酱——又称“黄油膏”“糖水黄油膏”“布代根”等。它是黄油加入糖水搅拌而制成的半成品，多为奶油蛋糕等制品的配料。

蛋白糖——又称“蛋白膏”“蛋白糖膏”“烫蛋白”等。它是用沸腾的糖浆烫制打起的膨松蛋白，洁白、细腻、可塑性好。

马司板——是英文 MARZIPAN 的译音，又称“杏仁膏”“杏仁面”“杏仁泥”。它是用杏仁、砂糖加适量的兰姆酒或白兰地制成的。它柔软细腻、气味香醇，是制作西点的高级原料，可制馅、制皮，捏制花、鸟、鱼、虫以及植物和动物等装饰品。

关于西点制作的疑问

很多人在家中制作西点时，明明是按照食谱上的材料和过程制作的，可做好的西点还是常常出现各种状况，会有各种各样的疑问需要解答。

西点如何保存？

西点分为干式和湿式，奶油蛋糕、泡芙等罐浆类食品都属于湿式西点，带有鲜奶、蛋清类的食品在防止细菌繁殖问题上，要慎之又慎。湿式点心在常温下很容易变质，夏季必须在冷藏条件下保存，保质期一般控制在 24 小时之内。选购时要尽量选择有包装的食品，必须看清生产日期与保质期限。

小苏打、泡打粉与酵母粉的区别是什么？

小苏打由于起发作用低、碱味重等缺点，随着生活水平提高，已经更多地成为医用或化学用品，如果做面包和馒头实在找不到其他的起发材料，可以用小苏打混合白醋或食醋来达到酸碱平衡，增加起发作用。

泡打粉和酵母粉虽然都可以达到起发作用，但还是有区别的。

泡打粉是化学物质组成的，靠化学反应生成大量二氧化碳来达到起发作用，建议家中有小孩和孕妇的尽量减少使用。

酵母粉用纯生物方法制成，优点是健康、帮助吸收、起发作用好，缺点是起发需要一定的温度、湿度配合。如果天气寒冷，则需要更多的时间起发或不容易起发，同时价格比泡打粉要高很多。

怎样保存奶油最好？

奶油的保存方法并不简单，绝不是随意放入冰箱中就可以的。最好先用纸将奶油仔细包好，然后放入奶油盒或密封盒中保存，这样，奶油才不会因水分散发而变硬，也不会沾染冰箱中其他食物的味道。

无论何种奶油，放在冰箱中以 2 ~ 4℃冷藏，都可以保存 6 ~ 18 个月。若是放在冷冻库中，则可以保存得更久，缺点是使用前要提前拿出来解冻。有一种无盐奶油，极容易腐坏，一旦打开，最好尽早食用。

为什么西点在入烤箱前或入烤箱初期就下陷？

西点在烤之前就塌陷，可能是酵母粉的用量过大，尤其是在夏天；也有可能是面粉的筋度不够或是食盐添加得不够；或者是糖、油脂和水的比例失调；或是搅拌不足、发酵太久、移动时碰撞太大。只要避免上述这些问题，就不会出现下陷的现象了。

PART 2 初级

西点入门

本章所挑选的西点，制作较为容易，比较适合刚入门学烘焙的读者。只要认真学习，多加练习，就可以自己亲手制作出一款美味的西点啦！

淡淡椰奶香：

椰奶饼干

所需时间
45 分钟左右

材料 Ingredient

奶油	60克	低筋面粉	100克
糖粉	60克	椰蓉	20克
椰浆	30克	液态酥油	适量
杏仁粉	30克		

制作指导

制作时加入少许椰香粉，风味更佳。

做法 Recipe

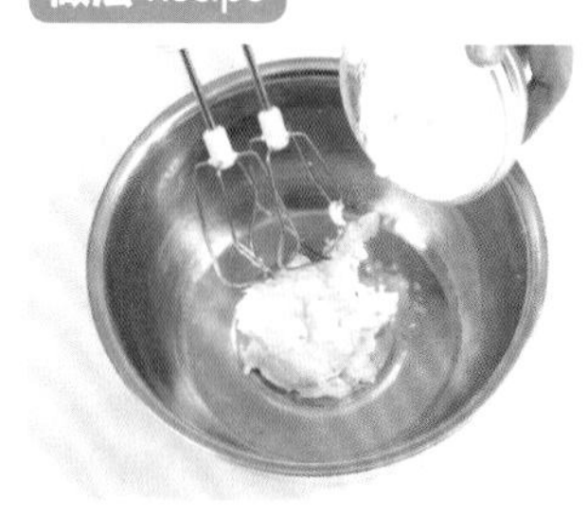

1 将奶油、糖粉混合拌至均匀。

2 再加入液态酥油扮匀，然后分次加入椰浆，拌至均匀。

3 将低筋面粉、杏仁粉、椰蓉加入，拌匀后成饼干面团。

4 将面团装入已套牙花嘴的裱花袋内，在烤盘上挤出“心”形花样。

5 入炉以150℃的炉温烘烤。

6 烤约30分钟至熟透后，出炉晾凉即可。

小贴士 椰浆的作用

❶美容养颜：椰浆含有糖类、脂肪、蛋白质、维生素和大量人体必需的微量元素，经常饮用椰浆能益气力、补充细胞内液、扩充血容量、滋润皮肤，具有驻颜美容的作用。

❷利尿消肿：椰浆含有丰富的钾、镁等矿物质，其成分与细胞内液相似，可纠正脱水和电解质紊乱，达到利尿消肿之效。

❸补充营养：椰浆含有糖类、脂肪、蛋白质、B 族维生素、维生素 C 及钾、镁等元素，能够有效地补充人体所需的营养成分，提高机体的抗病能力。

香脆不腻：

香菜饼干

所需时间 40 分钟左右

材料 Ingredient

奶油	62克	清水	40克
糖粉	40克	低筋面粉	175克
食盐	1克	香菜碎	25克
色拉油	40克		

制作指导

香菜用量可依个人口味自由增减。

做法 Recipe

1 把奶油、糖粉、食盐混合，先慢后快，打至奶白色。

2 分次加入色拉油、清水，拌透。

3 加入低筋面粉、香菜碎，拌匀至无粉粒状。

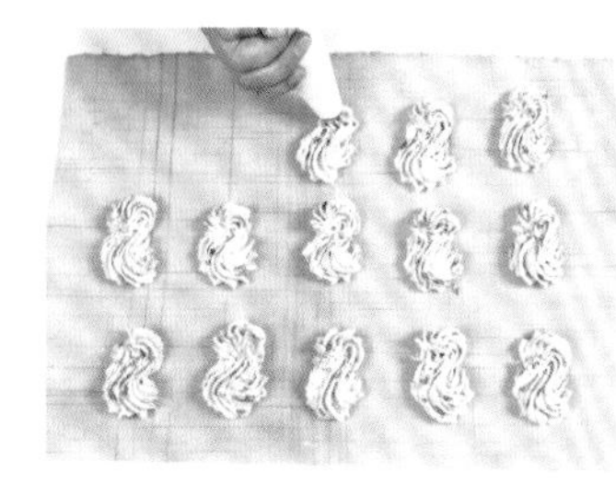

4 装入套有花嘴的裱花袋内，挤在高温布上。

5 移至钢丝网上，入炉，以160℃的炉温烘烤。

6 烤约25分钟至完全熟透，出炉，冷却即可。

小贴士 香菜的作用

中医认为，香菜辛温，内通心脾，外达四肢，辟各种不正之气，为温中健胃养生之品。日常食之，有消食下气、醒脾调中、壮阳助兴等功效，适宜寒性体质、胃弱体质以及肠腑壅滞者食用，可用来改善胃脘冷痛、消化不良、麻疹不透等症状。

现代研究认为，香菜含有丰富的矿物质及维生素，常少量食用，对身体有益。香菜含有芫荽油，有祛风解毒、芳香健胃的作用；入肺、胃，可解毒透疹，疏散风寒，促进人体周身血液循环，故常用作发疹的药物。

理气宽中：

陈皮饼干

所需时间
50 分钟左右

材料 Ingredient

奶油	100克	低筋面粉	150克
糖粉	50克	奶粉	20克
鲜奶	30克	九制陈皮碎	20克

制作指导

陈皮要选择即食的品种，否则风味不佳。

做法 Recipe

1 把奶油、糖粉混合，先慢后快，打至奶白色，分次加入鲜奶拌匀。

2 加入低筋面粉、奶粉、陈皮碎，完全拌匀至无粉粒状。

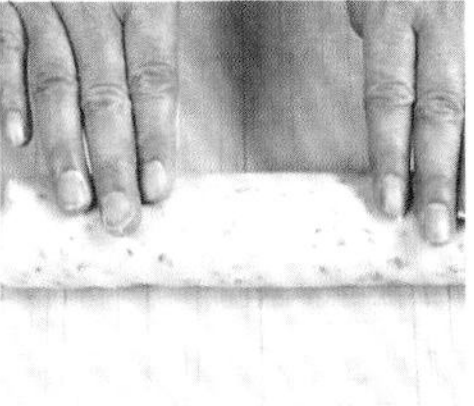

3 取出搓成条状。

4 压扁，擀成长方形的薄面片。

5 用印模压出形状。

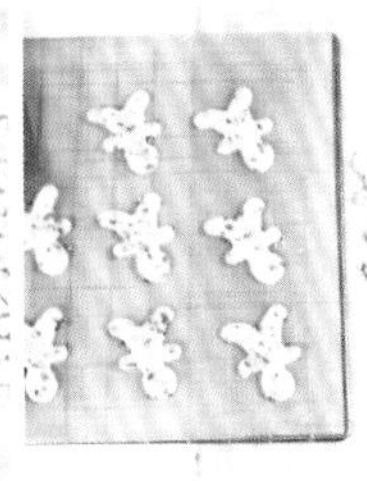

6 排入垫有高温布的钢丝网上。

7 入炉，以150℃的炉温烘烤。

8 烤约25分钟至完全熟透，出炉，冷却即可。

小贴士 陈皮如何选购和保存

选购陈皮时，外皮深褐色、皮瓤薄、放在手上觉得轻而又容易折断，同时还散发出香味的是为上品，用冬柑的皮晒制而成者更佳。如果皮过大或过小，外皮、皮瓤厚而粗，那不但没有香味，而且有难闻的异味。这种陈皮是用其他品种的柑皮晒成的，无论在药用或烹饪上都价值不高。

陈皮必须保持干燥，购买后或者晒干后应放入密封瓶内，置于干燥的地方贮藏。贮藏时如发觉变湿，就要将其再度晒干或焙干后再贮藏。

开胃生津：

乌梅饼干

所需时间 40 分钟左右

材料 Ingredient

奶油	120克	低筋面粉	175克
糖粉	90克	杏仁粉	35克
食盐	2克	乌梅碎	85克
全蛋	25克		

制作指导

乌梅的用量可依个人喜好自由调节。

做法 Recipe

1 把奶油、糖粉、食盐混合拌匀，打至奶白色。

2 分次加入全蛋，拌透。

3 加入低筋面粉、杏仁粉、乌梅碎，完全拌匀至无粉粒状。

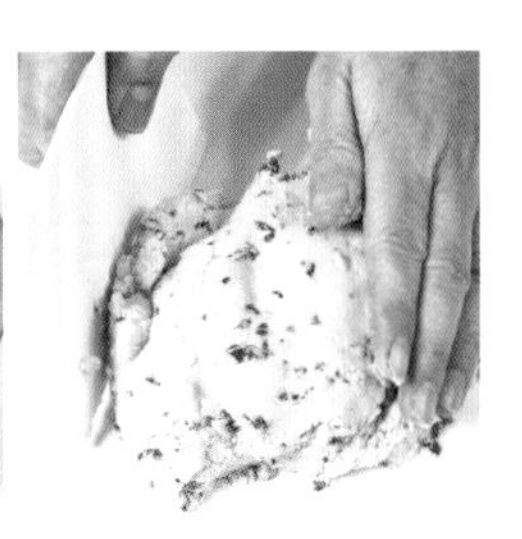

4 取出放在案台上，搓揉成光滑的面团。

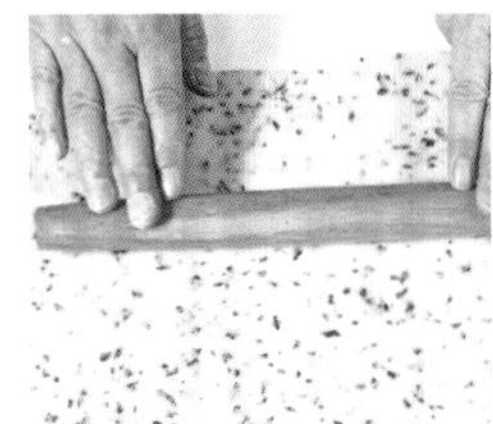

5 擀成厚薄均匀的面片。

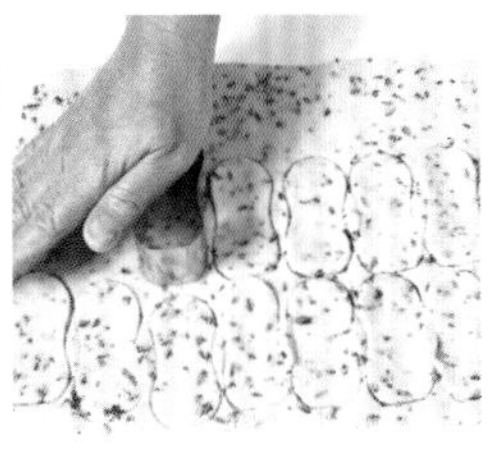

6 用印模压出形状。

7 摆在垫有高温布的钢丝网上，入炉，以160℃的炉温烘烤。

8 烤约25分钟至完全熟透，出炉，冷却即可。

小贴士 乌梅的作用

乌梅有抑制大肠杆菌、痢疾杆菌、绿脓杆菌以及多种皮肤真菌的作用，因此，夏季多吃乌梅可以减少肠道疾病的发生，增强身体的免疫能力。此外，乌梅还能分解肌肉组织中的乳酸、焦性葡萄酸，多食乌梅可以解除疲劳，保持精力充沛；乌梅中还含有少量的苦味酸，能使胆囊收缩，促进胆汁分泌。在酷暑伏天，最好多喝些乌梅汁、酸梅汤，不仅可以防暑降温、生津止渴，还能防病健身。

香甜酥脆：

豪客饼干

所需时间
40 分钟左右

材料 Ingredient

奶油	75克	香草粉	1克
糖粉	63克	蛋清	43克
蛋黄	40克	砂糖	10克
低筋面粉	75克	杏仁片	适量

做法 Recipe

1 把奶油、糖粉混合，搅拌均匀。

2 分次加入蛋黄，完全拌匀。

3 加入低筋面粉、香草粉，拌至无粉粒状，拌透备用。

4 把蛋清、砂糖倒在一起，打至鸡尾状。

5 把步骤4分次加入步骤3中，搅拌均匀。

6 倒入已铺有胶模、垫了高温布的表面。

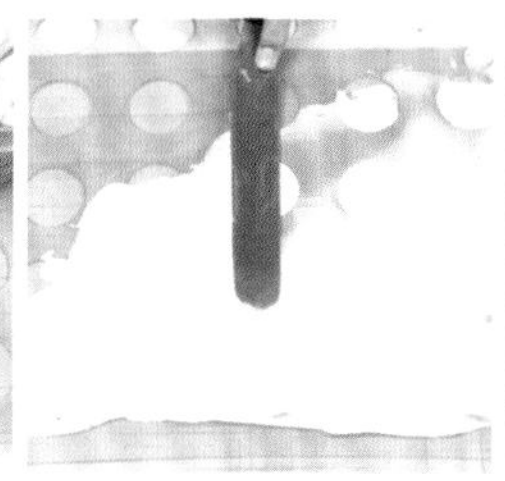

7 用抹刀把模孔填满，抹至厚薄均匀。

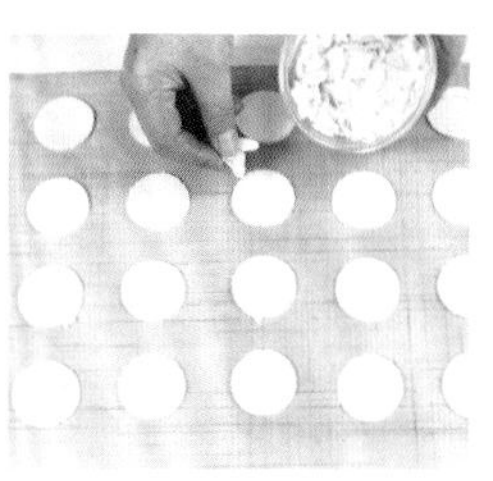

8 取走胶模，在饼坯表面放上杏仁片装饰。

9 入炉，以130℃的炉温烘烤。

10 烤约20分钟至完全熟透，出炉，冷却即可。

制作指导

由于饼坯较薄，所以要控制好炉温；装饰果碎可依个人口味来选择。

馋涎欲滴：

菊花饼

所需时间
40 分钟左右

材料 Ingredient

奶油	60克	低筋面粉	170克
糖粉	50克	吉士粉	10克
液态酥油	40克	奶香粉	2克
清水	40克	草莓果酱	适量

做法 Recipe

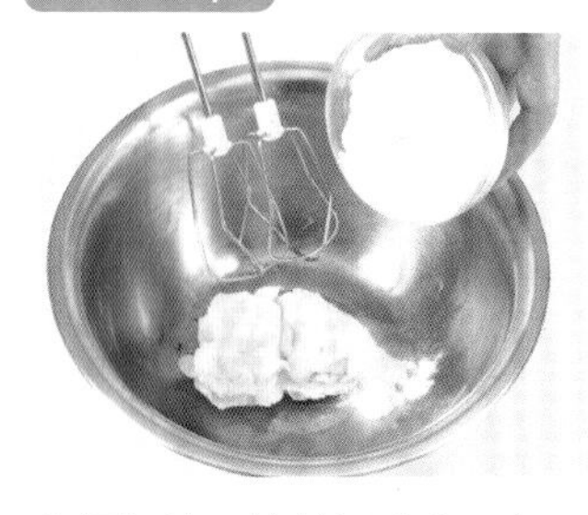

1 把奶油、糖粉混合在一起，打至奶白色。

2 分次加入液态酥油、清水，搅拌均匀至无液体状。

3 加入低筋面粉、吉士粉、奶香粉，拌至无粉粒状，拌透。

4 装入已放了牙嘴的裱花袋内，挤入烤盘，大小均匀。

5 在饼坯中间挤上草莓果酱作为装饰。

6 入炉，以160℃烤约25分钟至完全熟透，出炉，冷却即可。

制作指导

可自由选择果酱来装饰饼干。

浓香酥脆：

长苗酥饼

所需时间
50 分钟左右

材料 Ingredient

奶油	60克	中筋面粉	175克
糖粉	50克	可可粉	8克
液态酥油	50克	白巧克力	适量
清水	50克		

做法 Recipe

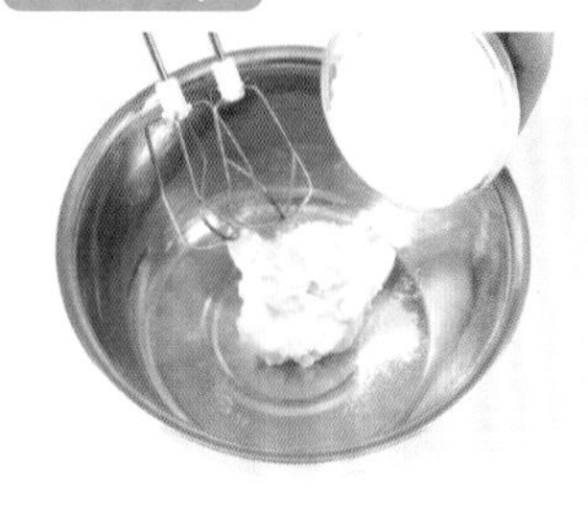

1 把奶油、糖粉倒在一起，先慢后快，打至奶白色。

2 分次加入液态酥油、清水拌匀至无液体状。

3 加入中筋面粉、可可粉，完全拌匀至无粉粒状。

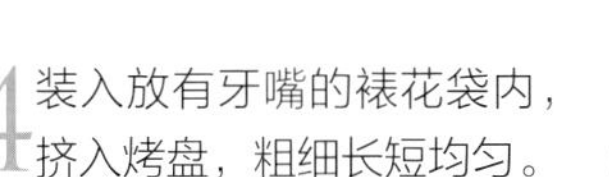

4 装入放有牙嘴的裱花袋内，挤入烤盘，粗细长短均匀。

5 入炉，以160℃的炉温烘烤，约烤20分钟至完全熟透，出炉冷却。

6 把白巧克力融化，装入裱花袋内，剪一个小孔，快速挤在冷却的饼面上，风干即可。

制作指导

饼干表面是否装饰可依个人喜好来决定。

香甜可口：

椰子薄饼

所需时间
45 分钟左右

材料 Ingredient

全蛋	88克
砂糖	100克
椰蓉	150克
椰子香粉	0.5克

制作指导

抹坯时要厚薄均匀，平压花纹可随意，烘烤亦要掌握好炉温。

做法 Recipe

1 把全蛋、砂糖倒在一起，以中速打至砂糖完全溶化、呈泡沫状。

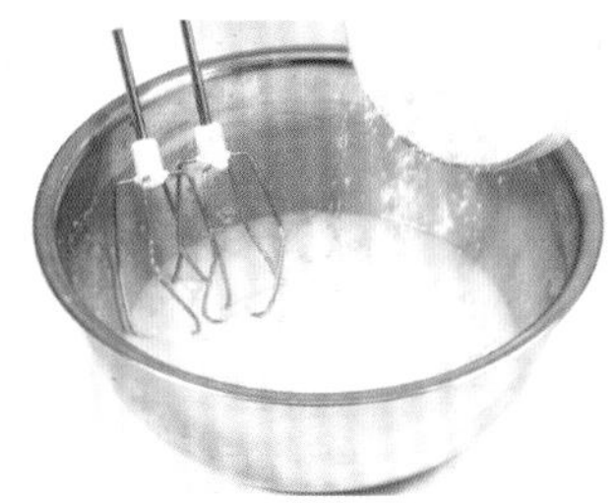

2 加入椰蓉、椰子香粉完全拌均匀。

3 填入铺在高温布上的胶模孔中，用抹刀粘上蛋清、椰蓉，将饼坯抹至厚薄均匀。

4 利用抹刀在饼坯表面压出菠萝格。

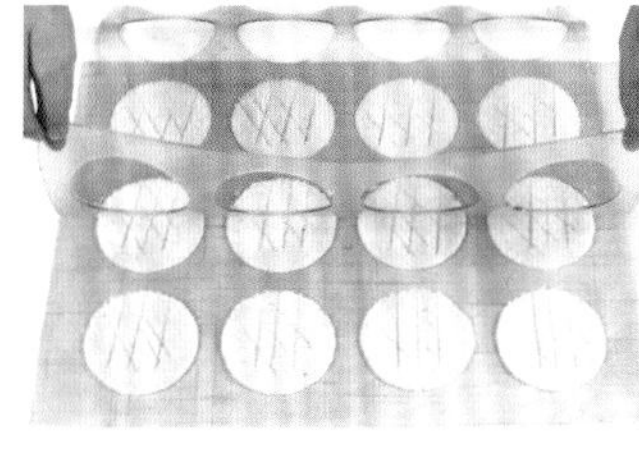

5 取出胶模，入炉，以150℃的炉温烘烤。

6 烤约20分钟至完全熟透，出炉，冷却即可。

小贴士 材料混合的方法

不论混合什么样的材料，都须分次加入，这样才能使成品细致又美味。如将面粉与奶油混合时，要先倒入一半面粉，再用刮刀将奶油与面粉由下往上混合搅拌完全，然后将另一半面粉加入拌匀。将面粉加入蛋液中也是一样，如果将面粉一次全部倒入，不仅搅拌起来费力，材料也不容易混合，会有结块的情形产生。加入粉状材料拌和时，只要轻轻用橡皮刮刀拌和即可，不要太用力搅拌，因为这样会使面粉出筋，做出来的糕点会比较硬。打发奶油或蛋白时，糖也要分 2 ~ 3 次加入。

酥脆可口：

奶香薄饼

所需时间 40 分钟左右

材料 Ingredient

奶油	90克	低筋面粉	90克
糖粉	100克	奶粉	40克
蛋清	70克	奶香粉	1克

制作指导

烘烤薄饼时要控制好炉温。

做法 Recipe

1 把奶油、糖粉混合，先慢后快，打至奶白色。

2 分次加入蛋清，拌匀至无液体状再加入低筋面粉、奶粉、奶香粉拌至无粉粒状，拌透。

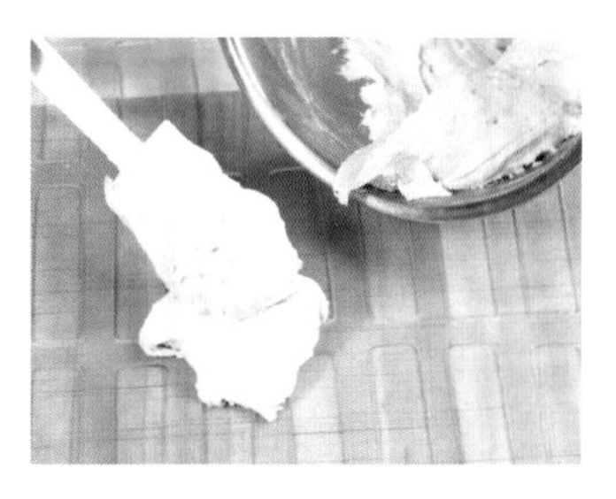

3 倒在已铺上胶模的高温布上面。

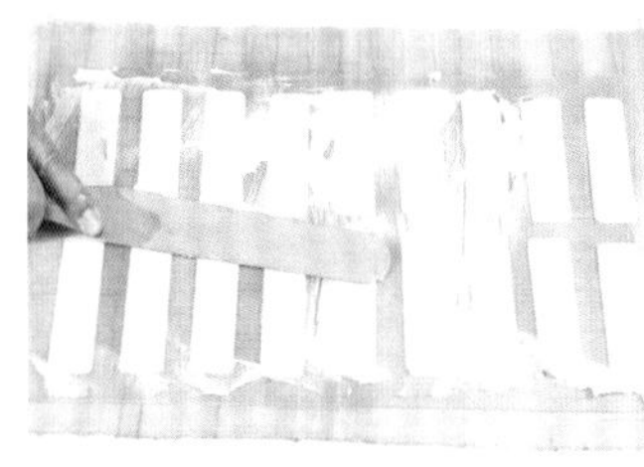

4 利用抹刀填满模孔，厚薄均匀。

5 取走胶模，入炉以140℃的炉温烘烤。

6 约烤20分钟至完全熟透，出炉，冷却即可。

小贴士 打发奶油的注意事项

❶将未打发的奶油放入 2 ~ 7℃冷藏柜内 24 ~ 48 小时，待完全结冻后取出。

❷奶油打发前的温度不应高于 10℃或低于 7℃，否则会影响奶油的稳定性和打发量。

❸轻轻摇匀奶油后，倒入搅拌缸内，容量占搅拌缸的 10% ~ 25%，再将奶油打发至搅拌球的球径最大处。

❹室温过高或过低会影响打发后的奶油品质及稳定性。

❺用中速或高速打发（160 ~ 260 转 / 分钟即可），直至光泽消失、软峰出现即可。

香甜爽脆：

黑米冰花饼

所需时间
45 分钟左右

材料 Ingredient

奶油	125克	黑米粉	50克
糖粉	110克	泡打粉	3克
全蛋	50克	砂糖	适量
低筋面粉	170克		

制作指导

黑米必须被打磨成粉状，否则不易被烘熟。

做法 Recipe

1 把奶油、糖粉混合拌匀。

2 分次加入全蛋，拌至完全透彻。

3 再将低筋面粉、黑米粉、泡打粉加入，搅拌成面团。

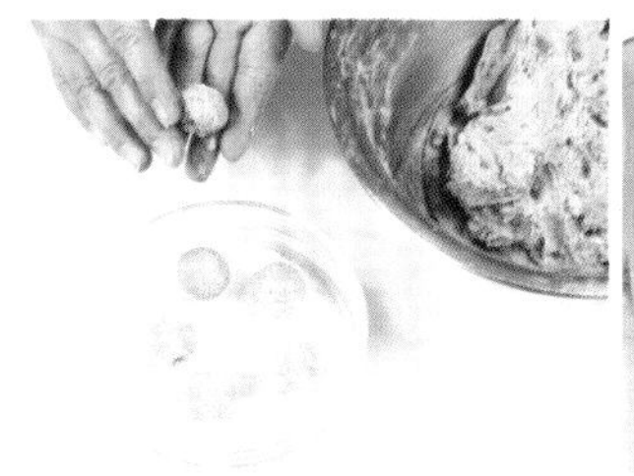

4 将面团用手搓成圆球状，然后粘上砂糖成饼坯。

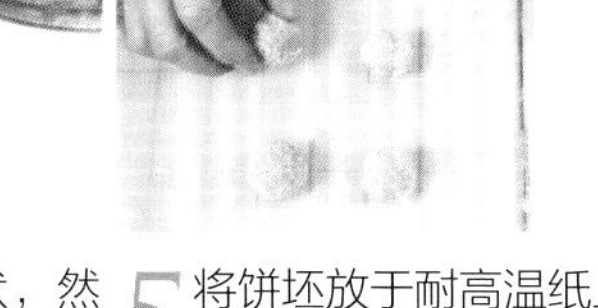

5 将饼坯放于耐高温纸上。

6 入炉以150℃的炉温烘烤，约烤30分钟至完全熟透，出炉即可。

小贴士 泡打粉的分类

泡打粉根据反应速度的不同，分为“慢速反应泡打粉”“快速反应泡打粉”“双重反应泡打粉”。快速反应的泡打粉在溶于水时即开始起作用，而慢速反应的泡打粉则在烘焙加热过程中开始起作用，双重反应泡打粉兼有快速及慢速两种泡打粉的反应特性。

饼干皇后：

蛋黄饼

所需时间
45 分钟左右

材料 Ingredient

全蛋	75克	粟粉	75克
食盐	1克	清水	45克
砂糖	110克	香橙色香油	适量
蛋糕油	10克	液态酥油	35克
低筋面粉	150克		

制作指导

蛋糊要尽量打起发，放入面粉和液态酥油时需同时搅拌，才可保持蛋面糊的硬度。

做法 Recipe

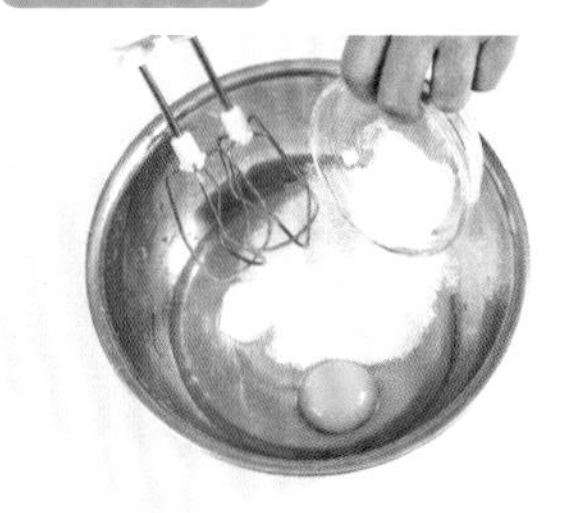

1 将全蛋、食盐、砂糖、蛋糕油混合，先慢后快地搅拌。

2 拌打至蛋糊硬性起发泡后，转慢速，加入香橙色香油和清水。

3 然后将低筋面粉、粟粉加入，拌至完全混合。

4 最后加入液态酥油，拌匀成蛋面糊。

5 将面糊装入裱花袋，然后在耐高温纸上成形。

6 入炉，以160℃的炉温烘烤，烤约30分钟至金黄色熟透后，出炉即可。

小贴士 如何鉴别鲜蛋

将鲜蛋打破，将蛋液置于玻璃器皿或瓷碟上，观察蛋黄与蛋清的颜色、稠度、性状，有无血液，胚胎是否发育，有无异味等。优质鲜蛋的蛋黄、蛋清色泽分明，无异常颜色，蛋黄呈圆形凸起而完整，并带有韧性；蛋清浓厚、稀稠分明，系带粗白而有韧性，并紧贴蛋黄的两端。次质鲜蛋蛋黄部有圆形或网状血红色，蛋清颜色发绿，其他部分正常，或蛋黄颜色变浅，色泽分布不均匀。

浓情蜜意：

腰果巧克力饼

所需时间
40 分钟左右

材料 Ingredient

奶油	125克	低筋面粉	100克
糖粉	67克	可可粉	8克
全蛋	67克	腰果仁	适量

做法 Recipe

1 把奶油、糖粉混合，拌匀至奶白色。

2 分次加入全蛋，拌透。

3 加入低筋面粉、可可粉，完全拌匀至无粉粒状。

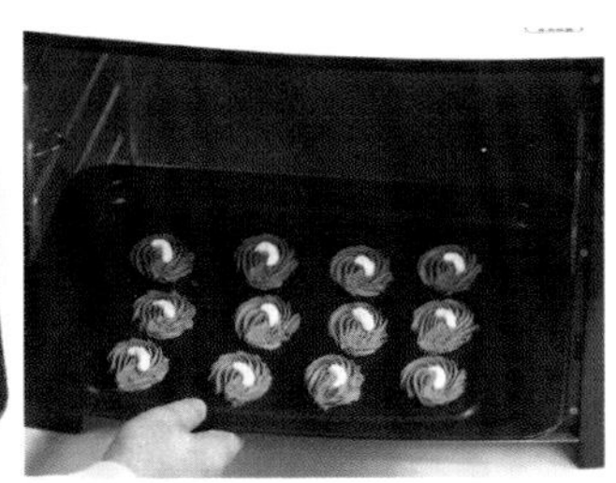

4 装入套有牙嘴的裱花袋内，在烤盘内挤出形状，大小均匀。

5 表面放上腰果仁装饰。

6 入炉，以160℃的炉温烘烤，烤约25分钟至完全熟透，出炉，冷却即可。

制作指导

也可把巧克力融化，再加入拌匀，味道会更浓郁。

松脆香甜：

香芋奶油饼

所需时间
40 分钟左右

材料 Ingredient

熟香芋肉	125克	低筋面粉	125克
奶油	75克	奶香粉	1克
糖粉	112克	鲜奶	50克
全蛋	50克	瓜子仁	适量

制作指导

选择的香芋要粉，才易被打烂、拌匀。

做法 Recipe

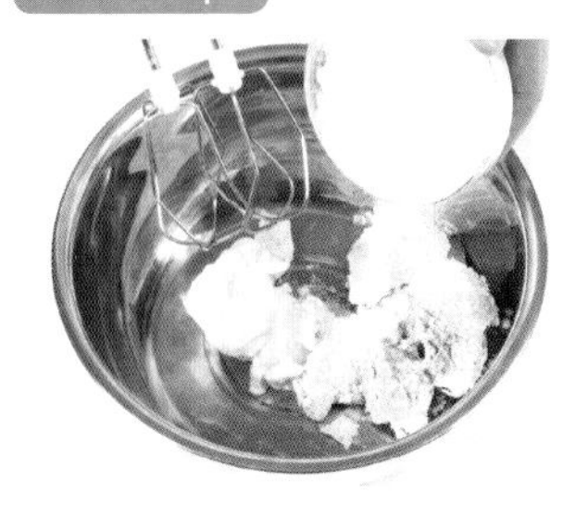

1 把熟香芋肉与奶油、糖粉混合压烂，拌匀。

2 分次加入全蛋、鲜奶拌透。

3 加入低筋面粉、奶香粉，完全拌匀至无粉粒状。

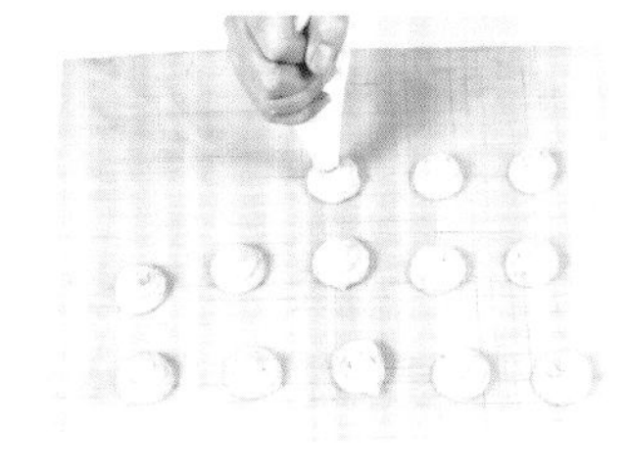

4 装入套有牙嘴的裱花袋，在高温布上挤成点状。

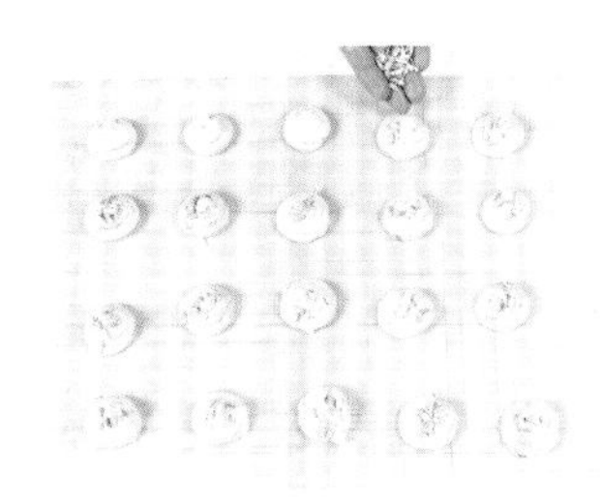

5 在饼坯表面撒上瓜子仁装饰。

6 移至钢丝网上，入炉，以160℃的炉温烘烤约25分钟至完全熟透，出炉冷却即可。

小贴士 如何挑选优质香芋

应选择头部纹络密且多、掐着皮较老的香芋。体型匀称，拿起来重量轻，就表示水分少；切开来肉质细白，就表示质地松，这样的芋头是上品。注意外皮不要有烂点，否则切开一定有腐败处。此外，也可以观察芋头的切口，切口汁液如果呈现粉质，肉质就香糯可口；如果呈现液态状，肉质就没有那么蓬松。

滋阴清肺：
杏仁薄饼

所需时间
40 分钟左右

材料 Ingredient

蛋清	125克	低筋面粉	50克
砂糖	90克	杏仁片	125克
食盐	1克	奶油	35克

制作指导

饼坯的形状可以不规则，但烘烤时必须控制好炉温。

做法 Recipe

1 把蛋清、砂糖、食盐倒在一起，以中速打至砂糖完全溶化。

2 加入低筋面粉、杏仁片拌至无粉粒。

3 加入融化的奶油，完全拌匀。

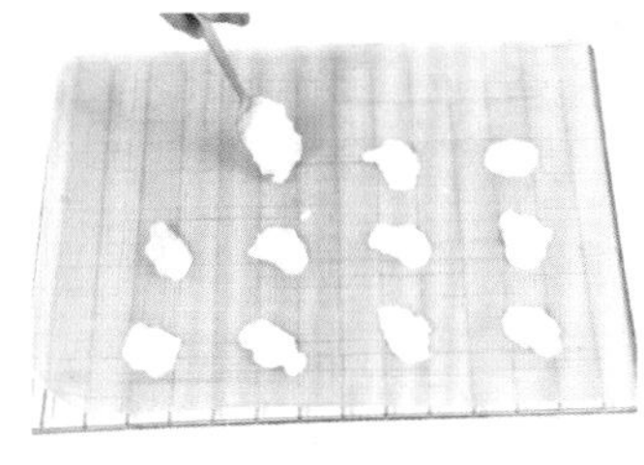

4 用勺子把面团舀到高温布上面，大小均匀。

5 入炉以140℃的炉温烘烤。

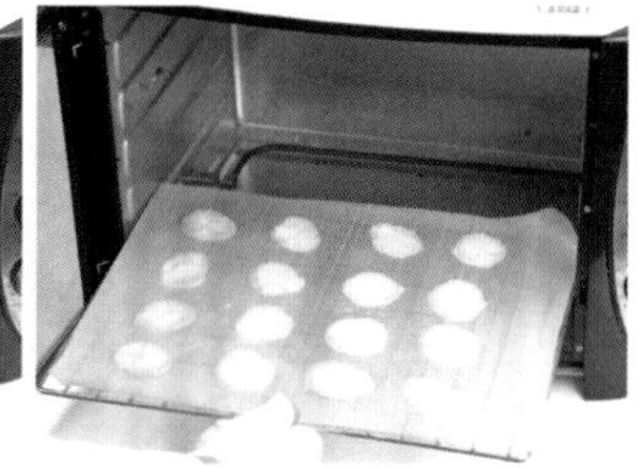

6 烤约20分钟至完全熟透，出炉冷却即可。

小贴士 杏仁的营养价值

杏仁所含的营养素非常丰富，包括蛋白质、脂肪、糖类、胡萝卜素、B 族维生素、维生素C、维生素P以及钙、磷、铁等矿物质。其中胡萝卜素的含量在果品中仅次于芒果，人们将杏仁称为“抗癌之果”；杏仁含有丰富的脂肪油，有降低胆固醇的作用；含有丰富的单不饱和脂肪酸，有益于心脏健康；含有维生素 E 等抗氧化物质，能预防疾病和早衰，所含蛋白质可与花生蛋白媲美，为不可多得的优质植物蛋白质。

海南特产：

椰香脆饼

所需时间
40 分钟左右

材料 Ingredient

全蛋	100克	奶粉	20克
砂糖	80克	椰蓉	70克
低筋面粉	50克	椰子香粉	2克

做法 Recipe

1 把全蛋、砂糖倒在一起，以中速打至砂糖完全溶化、呈泡沫状。

2 加入低筋面粉、奶粉、椰蓉、椰子香粉，完全拌匀。

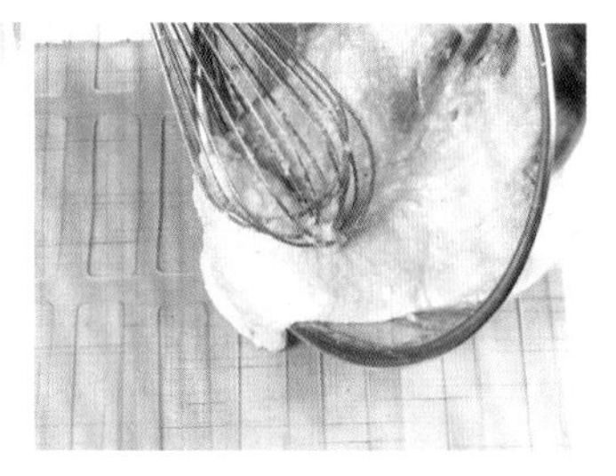

3 倒入铺了胶模的高温布表面。

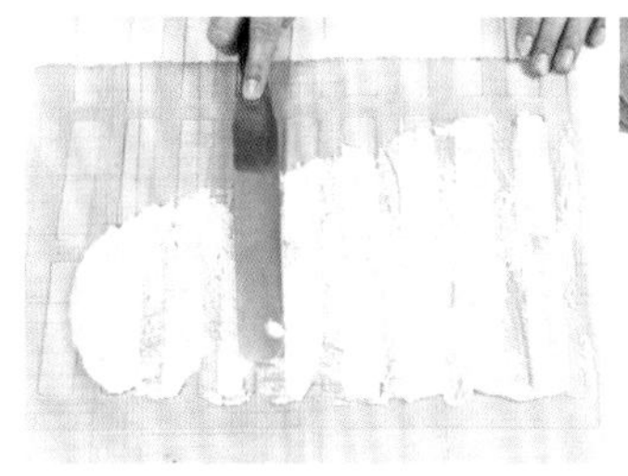

4 用抹刀把模孔填满，厚薄均匀。

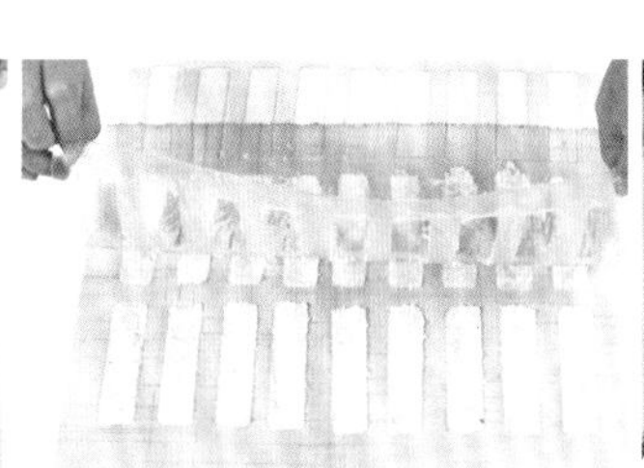

5 取走胶模，入炉，以130℃的炉温烘烤。

6 烤约20分钟至完全熟透，出炉，冷却即可。

制作指导

饼坯的厚薄要均匀，烘烤时要控制好炉温。

海的味道：
紫菜饼

所需时间
45 分钟左右

材料 Ingredient

奶油	100克	低筋面粉	150克
糖粉	50克	奶粉	20克
食盐	2克	紫菜（切碎）	30克
鲜奶	30克	鸡精	2克

做法 Recipe

1 把奶油、糖粉、食盐混合、拌匀。

2 分数次加入鲜奶，完全拌匀至无液体状。

3 加入低筋面粉、奶粉、紫菜碎、鸡精，拌匀拌透。

4 取出，搓成面团。

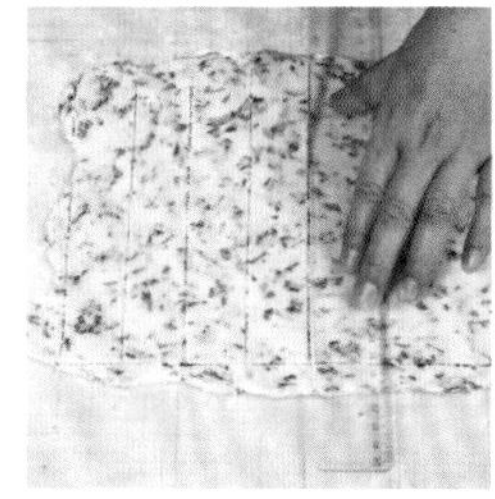

5 擀成厚薄均匀的面片，分切成长方形饼坯。

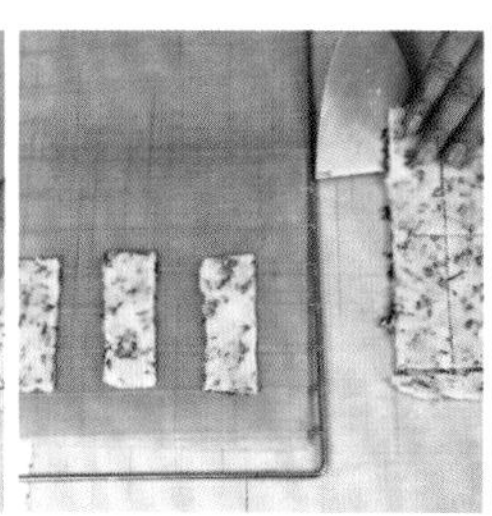

6 排入垫有高温布的钢丝网上。

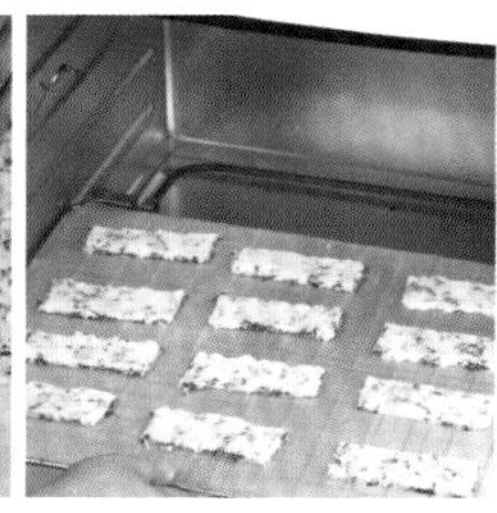

7 入炉，以160℃的炉温烘烤。

8 烤约20分钟至完全熟透，出炉，冷却即可。

制作指导

添加多少紫菜可依个人口味而调节，但在制作时最好切细小些。

花团锦簇：

巧克力夹心饼

所需时间
50 分钟左右

材料 Ingredient

奶油	63克	低筋面粉	175克
糖粉	50克	可可粉	15克
液态酥油	45克	巧克力酱	适量
清水	45克		

制作指导

巧克力酱可选购现成的，也可自己制作。

做法 Recipe

1 将奶油、糖粉混合拌均匀。

2 分次加入液态酥油、清水搅拌透彻。

3 加入低筋面粉、可可粉拌匀成面团。

4 将面团装入裱花袋，挤在耐高温纸上。

5 入炉以150℃的炉温烘烤。

6 烤约30分钟至熟透后出炉。

7 待饼干晾凉后，在底部挤上巧克力酱。

8 再用另一块饼干夹起，即成巧克力夹心饼干。

小贴士 烘焙油脂选购注意事项

选用油脂前，必须先对烘焙所用到的各种油脂性能有充分了解，然后再考虑如下几个因素：

① 考虑要制作的烘焙产品种类，因为不同的烘焙产品在配方、工艺及最终口感方面要求不同，所选择的油脂也不相同。

② 了解制作过程中所使用到的设备、用具及操作过程、温度的变化等，根据变化选择不同的油脂。

③ 了解产品品质的要求，如产品的色泽、口感、风味、质地等，据此选择最适合产品的油脂。

窈窕淑女：

淑女饼

所需时间
50 分钟左右

材料 Ingredient

A：饼皮

奶油	110克	低筋面粉	200克
糖粉	120克	奶粉	20克
蛋清	85克	杏仁粉	40克

B：杏仁馅

杏仁片	45克
清水	15克
砂糖	30克
葡萄糖浆	30克

做法 Recipe

1 把饼皮部分的奶油、糖粉混合，打至奶白色。

2 分次加入蛋清，搅拌均匀。

3 加入低筋面粉、奶粉、杏仁粉，拌至无粉粒，拌透。

4 装入已装了平口花嘴的裱花袋内，挤在高温布上，大小均匀，形状一致，备用。

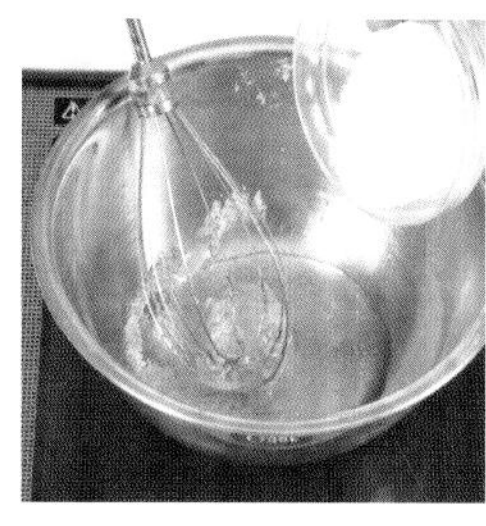

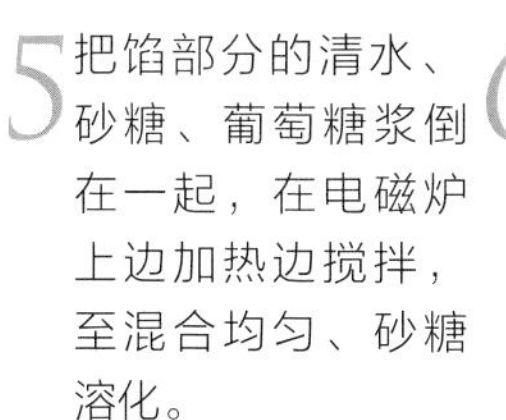

5 把馅部分的清水、砂糖、葡萄糖浆倒在一起，在电磁炉上边加热边搅拌，至混合均匀、砂糖溶化。

6 加入杏仁片，完全拌匀。

7 用勺子将馅料放入步骤4内，每勺的量要均匀。

8 入炉，以160℃的炉温烤约25分钟至完全熟透，出炉，冷却即可。

制作指导

馅料不需煮制太久；果碎的品种亦可根据个人口味来选择。

家乡的味道：

乡村乳酪饼

所需时间
40 分钟左右

材料 Ingredient

低筋面粉	125克	奶油乳酪	100克
泡打粉	5克	牛奶	10克
盐	1.5克	蛋黄	1个
肉桂粉	少许	奶油	少许
无盐奶油	10克		

做法 Recipe

1 先将奶油乳酪和奶油拌匀。

2 将牛奶加入拌匀。

3 将低筋面粉、泡打粉、盐和肉桂粉加入，拌匀成团。

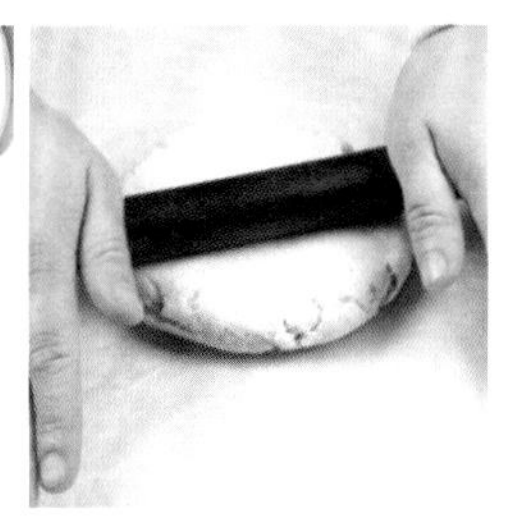

4 用保鲜膜包住，冷藏20分钟左右，拿出，擀开成1厘米左右的厚度。

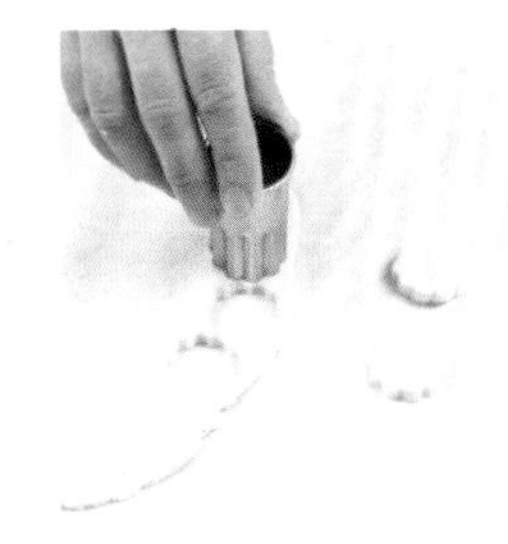

5 用梅花形状模具印出。

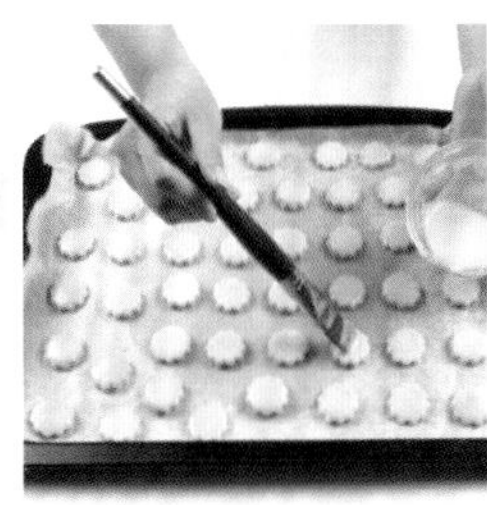

6 将蛋黄拌匀，加少许牛奶打发，扫在饼皮表面。

7 放入烤炉，以200℃的炉温烤约20分钟至金黄色。

8 出炉冷却即可。

制作指导

步骤3中的粉类很难拌匀，要用手把干粉完全搓匀拌成团后，再包好放入冷藏。

补血补虚：

花生脆饼

所需时间
45 分钟左右

材料 Ingredient

奶油	63克	奶粉	15克
糖粉	45克	奶香粉	1克
食盐	1克	花生仁碎	适量
全蛋	45克	鲜奶	20克
低筋面粉	80克		

做法 Recipe

1 把奶油、糖粉、食盐倒在一起，先慢后快，打至奶白色。

2 分次加入全蛋、鲜奶，完全拌匀。

3 加入奶粉、奶香粉、低筋面粉，完全拌匀至无粉粒状。

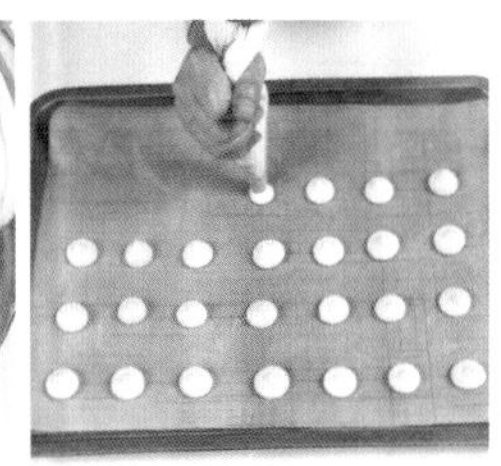

4 装入带有花嘴的裱花袋内，挤入垫有高温布的烤盘内，大小均匀。

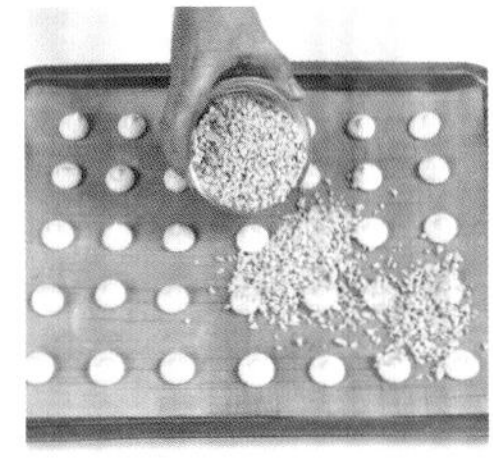

5 在表面撒上花生仁碎，分布均匀。

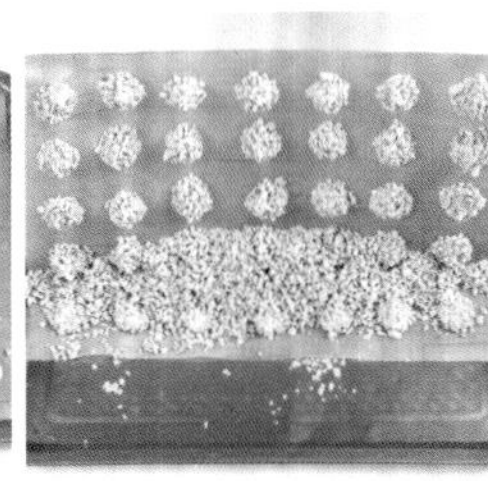

6 双手拿起高温布，把多余的花生仁碎去除。

7 入炉以160℃的炉温烘烤。

8 烤约25分钟至完全熟透，出炉，冷却即可。

制作指导

提起高温布，把多余的花生去掉时，动作要快，否则饼坯易变形。

香浓脆甜：

可可薄饼

所需时间
40 分钟左右

材料 Ingredient

奶油	95克	低筋面粉	100克
糖粉	80克	奶粉	60克
食盐	2克	可可粉	12克
蛋清	70克	杏仁片	少许

制作指导

可可口味可根据个人喜好而调节，装饰果碎也可自由选择。

做法 Recipe

1 把奶油、糖粉、食盐倒在一起，先慢后快，打至奶白色。

2 分次加入蛋清拌匀至无液体状。

3 加入低筋面粉、奶粉、可可粉，拌匀、拌透。

4 倒在铺了胶模、垫有高温布的表面。

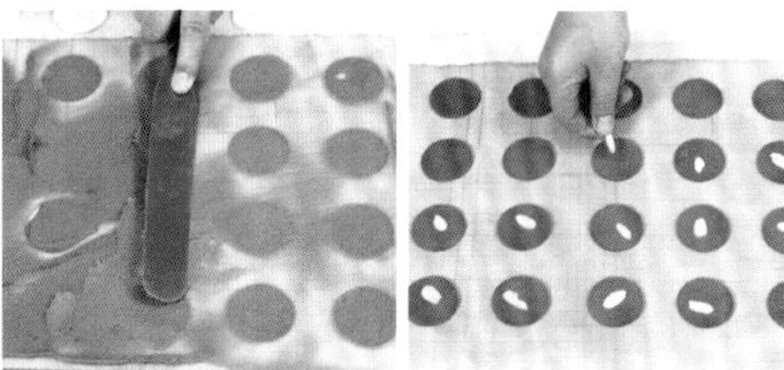

5 用抹刀填满模孔，厚薄均匀。

6 取走胶模，在表面放上杏仁片装饰。

7 入炉，以130℃的炉温烘烤。

8 烤约20分钟至完全熟透，出炉，冷却即可。

小贴士 如何选购合适的烤箱

最好选择容积在 20 升以上，内部至少有两层放置烤盘位置的烤箱。足够大的空间才可以放置比较常用的烘焙模具，相对来说，容积大的烤箱其内部温度更均匀。

清肺补肾：
腰果饼干

所需时间
45 分钟左右

材料 Ingredient

奶油	63克	杏仁粉	10克
砂糖	50克	奶粉	10克
全蛋	25克	腰果	50克
低筋面粉	100克		

制作指导

果碎多少可依个人喜爱调节，亦可用较大果碎在表面作装饰。

做法 Recipe

1 把奶油、砂糖倒在一起，混合拌匀。

2 分次加入全蛋拌匀。

3 加入低筋面粉、杏仁粉、奶粉、腰果，完全拌匀。

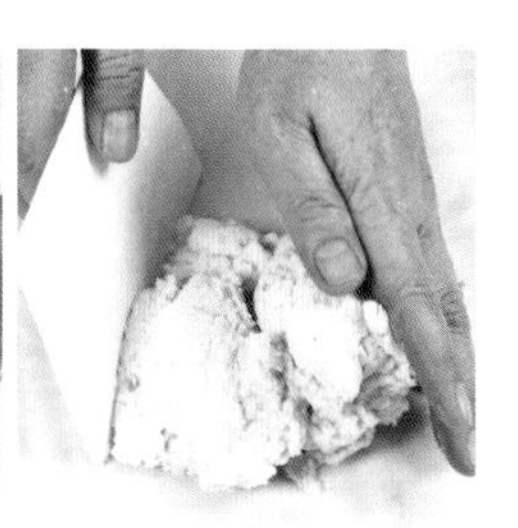

4 倒在案台上，搓成面团。

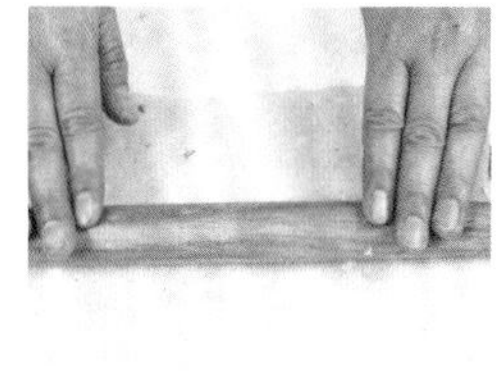

5 用擀面杖擀成厚薄均匀的面片。

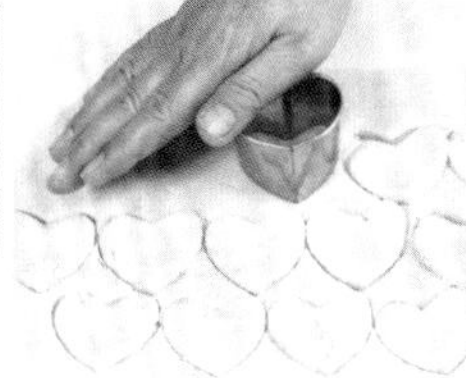

6 用心形模具压出形状。

7 摆入垫有高温布的钢丝网上，入炉，以160℃的炉温烘烤。

8 烤约20分钟至完全熟透，出炉，冷却即可。

小贴士 腰果的食用价值

腰果中的脂肪成分主要是不饱和脂肪，而不饱和脂肪主要由单不饱和脂肪酸组成，单不饱和脂肪酸可降低血中胆固醇、甘油三酯和低密度脂蛋白含量，增加高密度脂蛋白含量，因此对心脑血管大有益处。腰果还含有丰富的油脂，可以润肠通便，并有很好的润肤美容功效，能延缓衰老。

补血养颜：

红糖酥饼

所需时间
50 分钟左右

材料 Ingredient

奶油	60克	奶粉	15克
红糖粉	75克	低筋面粉	115克
鲜奶	15克	提子干	25克
泡打粉	3克	燕麦片	少许
臭粉	1克		

制作指导

制作前，最好先将红糖粉过一过筛。

做法 Recipe

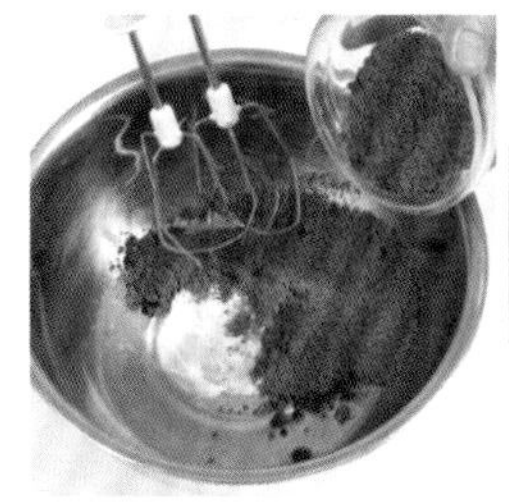

1 把奶油、红糖粉倒在一起，混合拌匀。

2 加入鲜奶拌匀。

3 加入低筋面粉、泡打粉、臭粉、奶粉、提子干，完全拌匀。

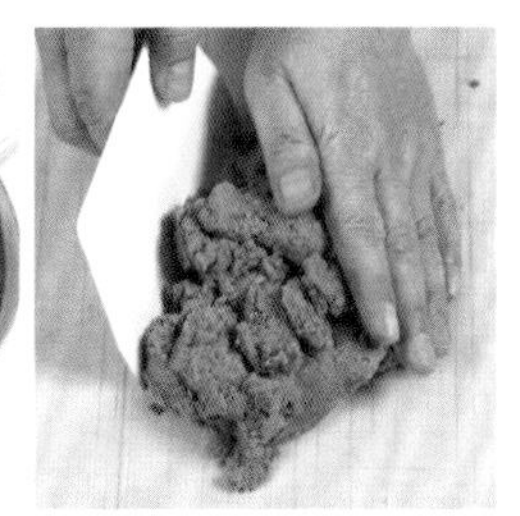

4 倒在案台上，搓成面团。

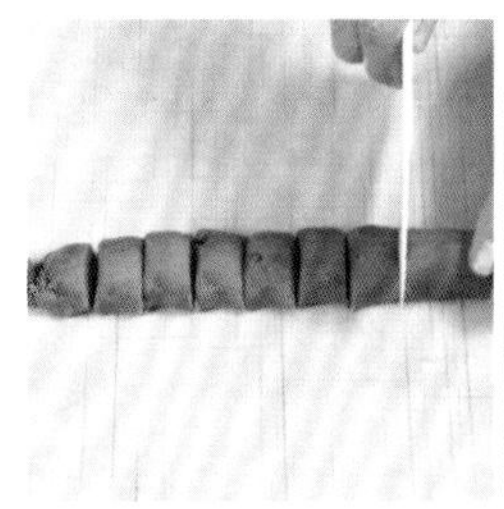

5 将面团搓成长条后，切成大小均匀的小份。

6 裹上燕麦片后放入烤盘，常温静置30分钟。

7 入炉，以150℃的炉温烘烤。

8 烤约30分钟至完全熟透，出炉，冷却即可。

小贴士 红糖的营养价值

红糖中含有的葡萄糖、果糖等多种单糖和多糖类能量物质，可加速皮肤细胞的代谢，为细胞提供能量。红糖中含有的叶酸、微量物质等可加速血液循环，增加血容量的成分，刺激机体的造血功能，扩充血容量，提高局部皮肤的营养、氧气、水分供应。红糖中含有的部分维生素和电解质成分，可通过调节组织间某些物质浓度的高低，平衡细胞内环境的水液代谢，排出细胞代谢产物，保持细胞内外环境的清洁。

鲜香脆爽：
蔬菜饼

所需时间
45 分钟左右

材料 Ingredient

白奶油	100克	低筋面粉	150克
糖粉	50克	粟粉	20克
食盐	2克	蔬菜叶（切丝）	30克
鲜奶	30克		

制作指导

蔬菜可按时令选用，若是压形状时有菜丝粘连，可把菜叶切碎。掌控好炉温，不要着太深的颜色。

做法 Recipe

1 把白奶油、糖粉、食盐倒在一起，混合拌匀。

2 加入鲜奶拌匀。

3 加入蔬菜叶、低筋面粉、粟粉，完全拌匀。

4 倒在案台上，搓成面团。

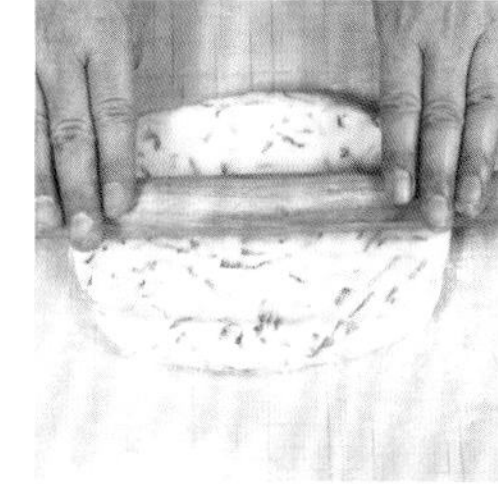

5 用擀面杖擀成厚薄均匀的面片。

6 用模具压出形状。

7 摆入垫有高温布的钢丝网上。

8 入炉，以160℃的炉温烧烤约20分钟至完全熟透，出炉，冷却即可。

小贴士 烘焙时怎样防止成品粘黏

烤模在使用前须先涂抹一层薄薄的奶油，再撒上一层高筋面粉，或是先将防粘纸铺在烤模内部，烤好的蛋糕才不会粘模。饼干压模制作时须先撒上面粉，压好的饼干才容易被取下。烘焙点心时，烤盘也应先涂上薄薄的一层油以防粘黏，也可以在烤盘里铺上蜡纸或其他预防粘黏的底纸。

补肾乌发：

芝麻饼

所需时间
45 分钟左右

材料 Ingredient

奶油	125克	低筋面粉	160克
糖粉	90克	奶粉	30克
食盐	2克	奶香粉	3克
全蛋	90克	黑白芝麻（混合）	适量
鲜奶	40克		

做法 Recipe

1 把奶油、糖粉、食盐倒在一起，先慢后快，打至奶白色。

2 分次加入全蛋、鲜奶，搅拌均匀至无液体状。

3 加入低筋面粉、奶粉、奶香粉，拌至无粉粒状，拌透。

4 装入带有牙嘴的裱花袋内，挤在高温布上，大小均匀。

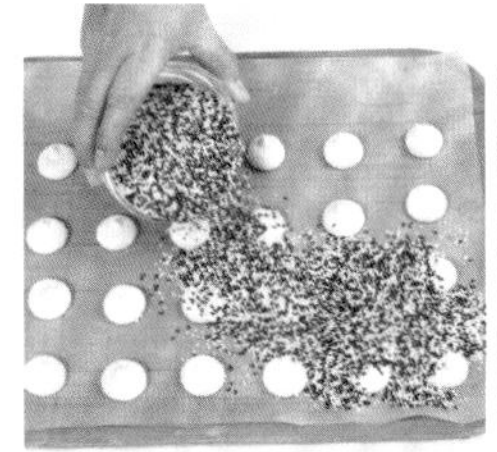

5 在表面撒上黑白芝麻。

6 双手摇动托盘，把芝麻分布均匀。

7 双手拿起高温布，把多余的芝麻倒掉，移到钢丝网上。

8 入炉，以150℃的炉温烘烤约25分钟至完全熟透，出炉，冷却即可。

制作指导

芝麻的量可依个人喜好调节。

绿意盎然：

绿茶薄饼

所需时间
45 分钟左右

材料 Ingredient

奶油	95克	低筋面粉	100克
糖粉	70克	奶粉	60克
食盐	1克	绿茶粉	8克
蛋清	70克	松子仁	少许

制作指导

可装饰不同风味的干果以调节口感；烤时要掌控好炉温。

做法 Recipe

1 把奶油、糖粉、食盐混合，先慢后快，打至奶白色。

2 分次加入蛋清，拌至无液体状。

3 加入低筋面粉、奶粉、绿茶粉，完全拌匀至无粉粒状。

4 倒在铺有胶模的高温布上。

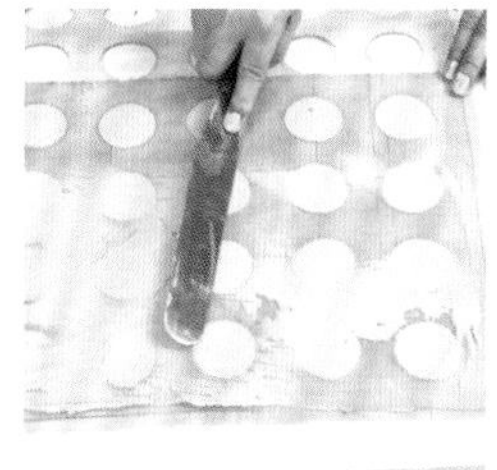

5 用抹刀均匀地填入模孔内。

6 取走胶模，在表面撒上松子仁装饰。

7 入炉，以130℃的炉温烘烤。

8 烤20分钟左右至完全熟透，出炉，冷却即可。

小贴士 保存绿茶粉的方法

保存绿茶粉的最佳方法为低温贮藏，配合无氧与防湿、阻光的包装，其色泽可维持相当久的时间。绿茶粉具有容易脱色等特性，长期使用绿茶粉的食品工厂为保证绿茶粉一年四季的品质稳定、新鲜，他们在春茶生产时就将一整年所需的数量准备好，放入冷冻库冷冻，必要时再从冷冻库中取部分使用。

健脑益智：

核桃巧克力饼

所需时间
45 分钟左右

材料 Ingredient

奶油	63克	杏仁碎	10克
砂糖	50克	奶粉	10克
全蛋	25克	核桃仁碎	50克
低筋面粉	100克	可可粉	12克

制作指导

巧克力颜色较深，注意烘烤过程中不要烤焦。

做法 Recipe

1 把奶油、砂糖混合，完全拌匀，呈奶白色。

2 分次加入全蛋，拌透。

3 加入低筋面粉、杏仁碎、奶粉、核桃仁碎、可可粉完全拌匀。

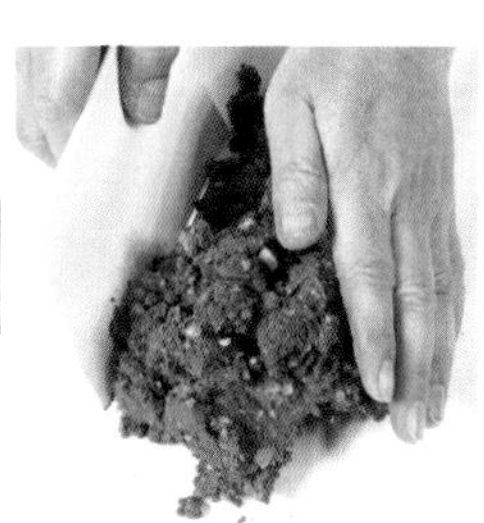

4 取出，在案台上揉搓光滑。

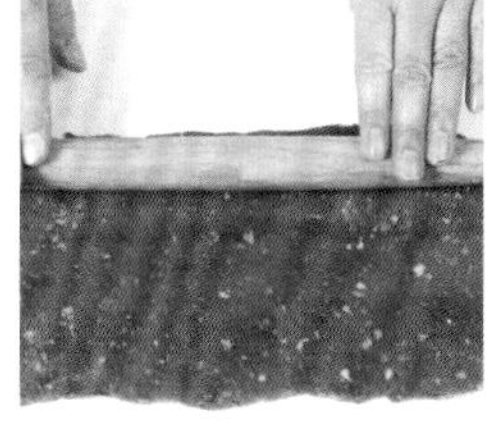

5 擀成厚薄均匀的面片。

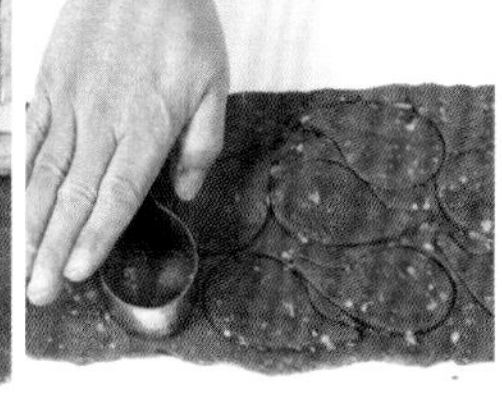

6 用印模压出形状。

7 摆在垫有高温布的钢丝网上，以160℃的炉温烘烤。

8 烤约30分钟至完全熟透，出炉冷却即可。

小贴士 食用核桃的好处

核桃含有大量的维生素 E 等，能增强人体细胞的活力，对防止动脉硬化、延缓人的衰老具有独特作用。核桃对各种年龄段的人都有营养保健、滋补养生的功能，孕妇吃之，可使胎儿骨骼发育良好；儿童、青少年吃之，有利于生长发育、增强记忆力、保护视力；青年吃之，可使身体健美、肌肤光润；中老年人常吃，可保心养肺、益智延寿。

香甜酥脆：

十字饼

所需时间
75 分钟左右

材料 Ingredient

奶油	50克	臭粉	2克	低筋面粉	150克
糖粉	100克	全蛋	50克	吉士粉	10克
泡打粉	6克	鲜奶	50克	蛋黄液	适量

做法 Recipe

1 把奶油、糖粉、泡打粉、臭粉混合，完全拌匀。

2 分次加入全蛋、鲜奶，拌透。

3 加入低筋面粉、吉士粉，拌匀至无干粉状。

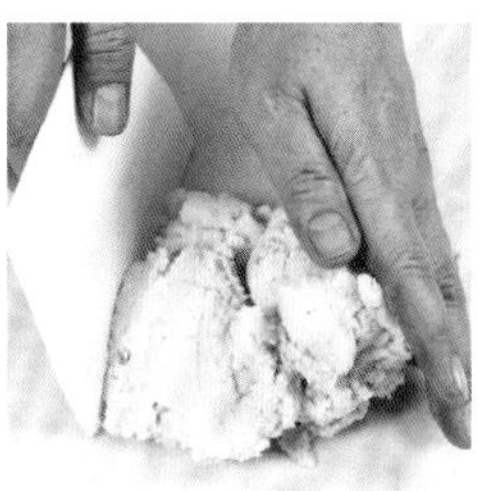

4 取出加少许干粉，搓揉成面团，静置30分钟。

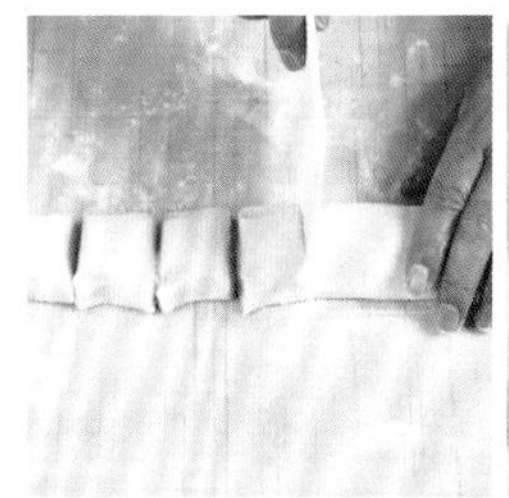

5 搓成长条状，分切成小份。

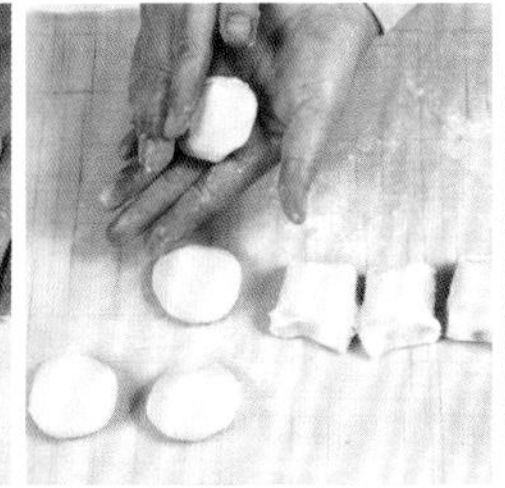

6 搓成圆形。

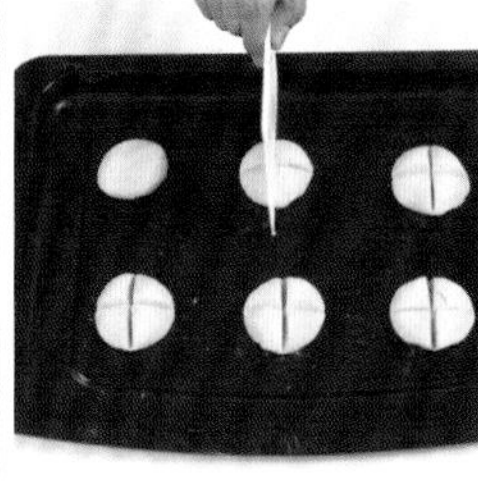

7 排入烤盘，用刮板压出十字形。

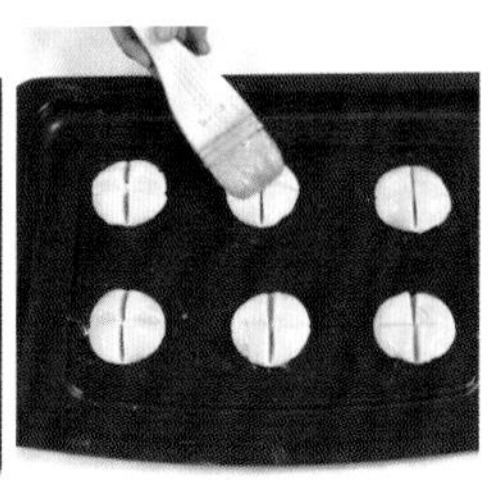

8 静置30分钟后，扫上蛋黄液。

9 入炉，以150℃的炉温烘烤。

10 烤约20分钟至完全熟透，出炉冷却即可。

制作指导

压十字形时，为防止粘刮板，可在刮板上粘少许干粉。

小贴士 吉士粉的作用

吉士粉具有四大作用：一是增香，能使制品产生浓郁的奶香味和果香味；二是增色，在糊浆中加入吉士粉能形成鲜黄色；三是增加松脆感并使制品定型，在膨松类的糊浆中加入吉士粉，经炸制后制品松脆而不软瘪，形态美观；四是增强黏滑性，在一些菜肴勾芡时加入吉士粉，它能产生黏滑性，具有良好的勾芡效果，且芡汁透明度好。

异国情调：

夏威夷饼

所需时间
45 分钟左右

材料 Ingredient

奶油	120克	低筋面粉	170克
糖粉	100克	杏仁粉	30克
食盐	3克	夏威夷果碎	80克
蛋清	30克		

做法 Recipe

1 把奶油、糖粉、食盐混合拌匀。

2 分次加入蛋清，完全拌匀。

3 加入低筋面粉、杏仁粉，拌至无粉粒状。

4 取出，在案台上搓成面团。

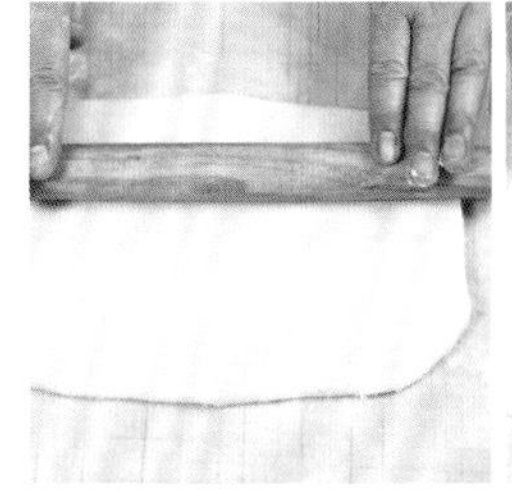

5 用擀面杖擀成厚薄均匀的面片。

6 在表面撒上夏威夷果碎，再轻压擀一下。

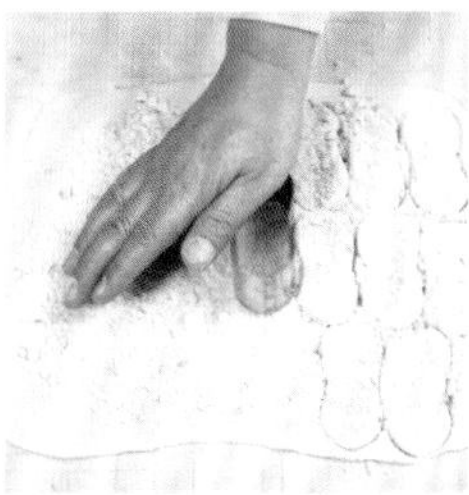

7 用模具压出形状。

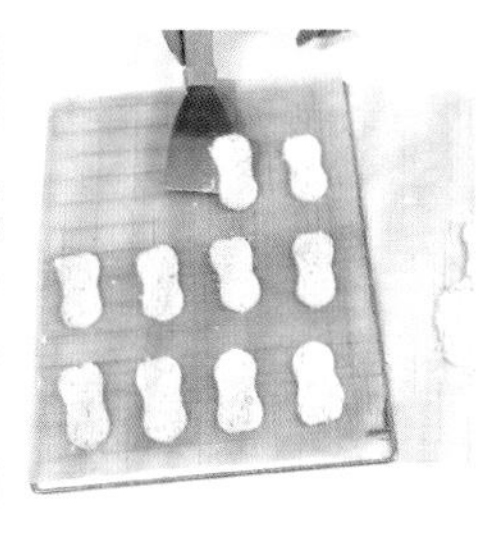

8 用铲刀铲起，摆到铺有高温布的钢丝网上。

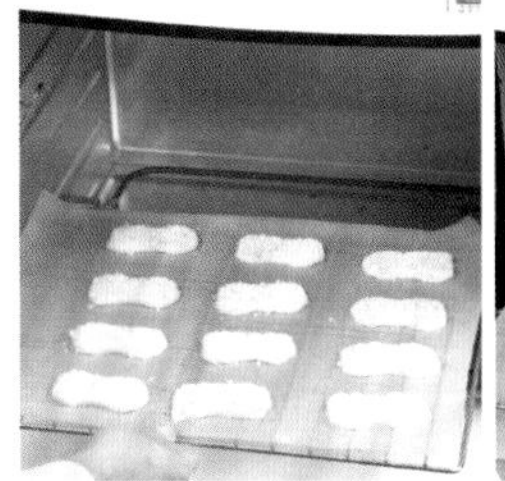

9 入炉，以140℃的炉温烘烤。

10 烤约30分钟至完全熟透，出炉，冷却即可。

制作指导

果碎多少可自由调节，模具的形状亦可依个人喜好变换。

健胃祛寒：

姜饼

所需时间
50 分钟左右

材料 Ingredient

奶油	60克	低筋面粉	120克
红糖粉	50克	肉桂粉	5克
食盐	1克	姜粉	6克
蜂蜜	8克	豆蔻粉	4克
鲜奶	8克		

做法 Recipe

1 将奶油、红糖粉、食盐、蜂蜜混合，搅拌均匀。

2 加入鲜奶再拌至透彻。

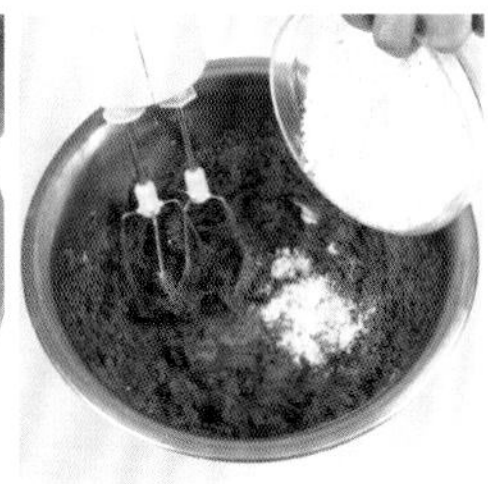

3 加入低筋面粉、肉桂粉、姜粉、豆蔻粉，拌匀成面团。

4 将面团倒在案台上。

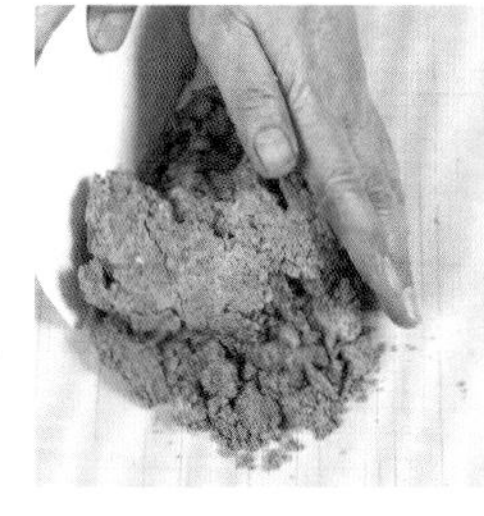

5 用手搓揉。

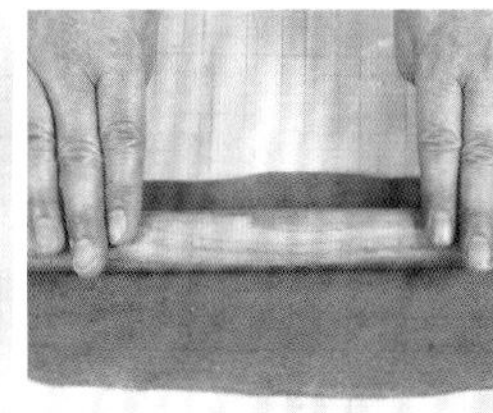

6 将面团用擀面杖压薄。

7 然后用切模压成饼坯。

8 将边料去净，把饼坯放到耐高温纸上。

9 入炉以140℃的炉温烘烤。

10 烤约30分钟后，出炉冷却即可。

制作指导

因为饼坯色泽较深，烘烤时要特别留意着色效果。

润肺益气：

罗曼斯饼

所需时间
55 分钟左右

材料 Ingredient

A：饼坯

奶油	125克	全蛋	60克
糖粉	125克	低筋面粉	180克
咖啡粉	8克	奶粉	20克
温水	8克		

B：馅料

砂糖	40克
葡萄糖浆	38克
清水	15克
松子仁	45克
奶油	25克

做法 Recipe

1 把饼坯部分的奶油、糖粉混合，拌至奶白色。

2 分次加入全蛋，完全拌匀至无液体状。

3 把咖啡粉、温水混合拌匀，加入步骤2中完全拌匀。

4 加入低筋面粉、奶粉，拌匀至无粉粒状。

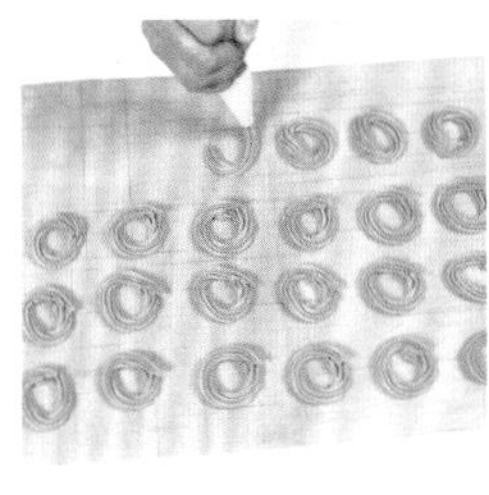

5 装入放有花嘴的裱花袋，挤在高温布上，大小均匀，备用。

6 把馅部分的砂糖、葡萄糖浆、清水倒在一起，边加热边搅拌至砂糖完全溶化。

7 加入松子仁拌匀。

8 加入奶油拌至溶化。

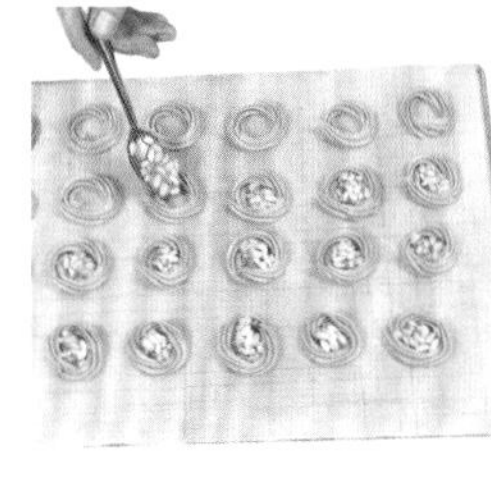

9 用勺子舀到备好的步骤5内，适量即可。

10 入炉，以140℃的炉温烘烤，烤约25分钟至完全熟透，出炉，冷却即可。

制作指导

内陷煮制不宜太久，待冷却后再作装饰。

小贴士 面粉要过筛

所有粉类在使用前都应先用筛子过筛。将面粉置于筛网上，一手持筛网，一手在边上轻轻拍打使面粉由空中飘落入钢盆中即可。这样不仅能避免面粉结块，也能使面粉与空气混合，增加烘烤后的蓬松感；同时面粉在与奶油拌和时也不会有小颗粒产生，避免饼干烘焙后出现粗粗的口感。

润肺美肤：

香杏脆饼

所需时间
60 分钟左右

材料 Ingredient

A：饼坯

奶油	125克	中筋面粉	250克
糖粉	125克	奶香粉	3克
全蛋	45克		

B：馅料

砂糖	63克
葡萄糖浆	25克
鲜奶油	50克
杏仁片	100克

做法 Recipe

1 将饼坯部分的奶油、糖粉混合拌匀。

2 分次加入全蛋，拌至完全均匀。

3 加入中筋面粉、奶香粉，拌匀成面团。

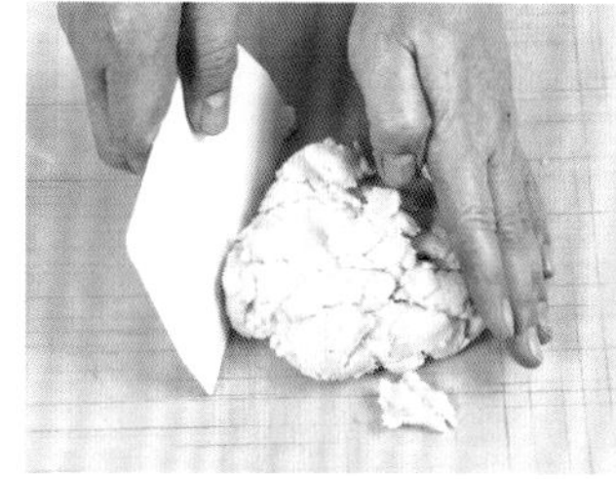

4 将面团倒在案台上，用手搓揉。

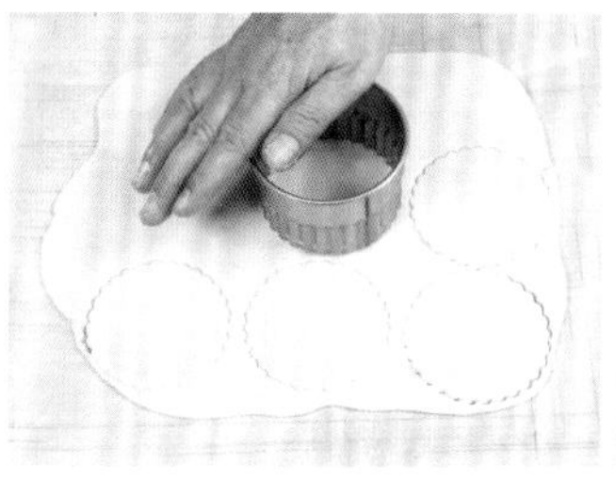

5 用擀面杖将面团压薄，再用模具压成饼坯。

6 将边料取走。

7 将饼坯排开，用竹签扎孔后，备用。

8 将馅料部分的砂糖、葡萄糖浆与鲜奶油混合，加热。

9 煮开后，加入杏仁片拌匀。

10 稍凉后，将馅料铺于饼坯表面。

11 入炉以150℃的炉温烘烤。

12 烤约30分钟至呈浅金黄色后，出炉冷却即可。

制作指导

饼坯完成后扎孔，以防止加热后底部有气孔。

益气健脾：

樱桃曲奇

所需时间
45 分钟左右

材料 Ingredient

奶油	138克	高筋面粉	125克
糖粉	100克	吉士粉	13克
食盐	2克	奶香粉	1克
全蛋	100克	红樱桃	适量
低筋面粉	150克		

做法 Recipe

1 把奶油、糖粉、食盐倒在一起，先慢后快，打至奶白色。

2 分次加入全蛋，完全拌匀。

3 加入吉士粉、奶香粉、低筋面粉、高筋面粉，完全拌匀至无粉粒状。

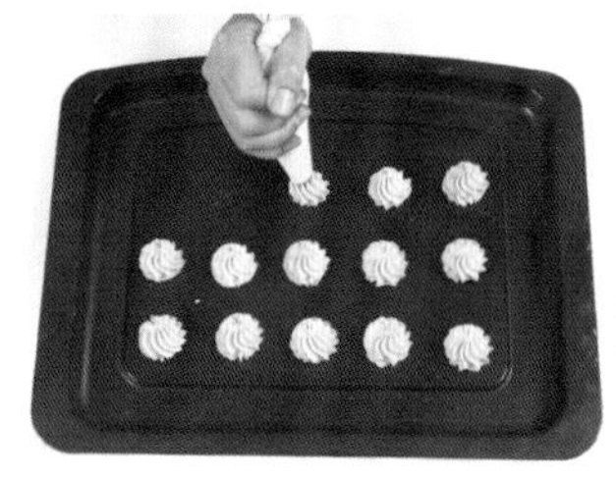

4 装入带有花嘴的裱花袋内，挤入烤盘内，大小均匀。

5 放上切成粒状的红樱桃。

6 入炉，以160℃的炉温烘烤，烤约25分钟至完全熟透，出炉，冷却即可。

制作指导

樱桃作装饰时要稍加压紧，烤熟后才不易脱落。

香甜滋腻：

香葱曲奇

所需时间
45 分钟左右

材料 Ingredient

奶油	65克	食盐	3克
糖粉	50克	鸡精	2.5克
液态酥油	45克	葱花	3克
清水	45克	低筋面粉	175克

做法 Recipe

1 把奶油、糖粉、食盐倒在一起，先慢后快，打至奶白色。

2 分次加入液态酥油、清水，搅拌均匀至无液体状。

3 加入鸡精、葱花，拌匀。

4 加入低筋面粉，拌至无粉粒状。

5 装入已放了牙嘴的裱花袋内，挤入烤盘，大小均匀。

6 入炉，以160℃的炉温烘烤约25分钟至完全熟透，出炉，冷却即可。

制作指导

葱花要尽量切细些，最好用脱水干葱，烘烤时才不会变色。

风味醇厚：

乳香曲奇

所需时间
45 分钟左右

材料 Ingredient

奶油	63克	鸡精	2.5克
糖粉	50克	五香粉	2克
液态酥油	63克	南乳	2.5克
清水	40克	中筋面粉	180克
食盐	2.5克		

做法 Recipe

1 把奶油、糖粉混合，先慢后快，打至奶白色。

2 分次加入液态酥油、清水，搅拌均匀。

3 加入食盐、鸡精、五香粉、南乳，拌透。

4 加入中筋面粉，拌至无粉粒状。

5 装入有牙嘴的裱花袋，挤入烤盘内，大小均匀。

6 入炉，以150℃的炉温烘烤，烤约25分钟至完全熟透，出炉，冷却即可。

制作指导

南乳与调味料的用量，可依个人喜好来调节。

情意绵长：

巧克力曲奇

所需时间
45分钟左右

材料 Ingredient

奶油	185克	高筋面粉	115克
糖粉	100克	低筋面粉	140克
食盐	2克	可可粉	13克
全蛋	100克	可可豆	适量

制作指导

选用可可豆或巧克力碎可自由决定，但颗粒一定不能太大。

做法 Recipe

1 把奶油、糖粉、食盐倒在一起，先慢后快，打至奶白色。

2 分次加入全蛋，搅拌均匀至无液体状。

3 加入高筋面粉、低筋面粉、可可粉、可可豆，完全拌匀。

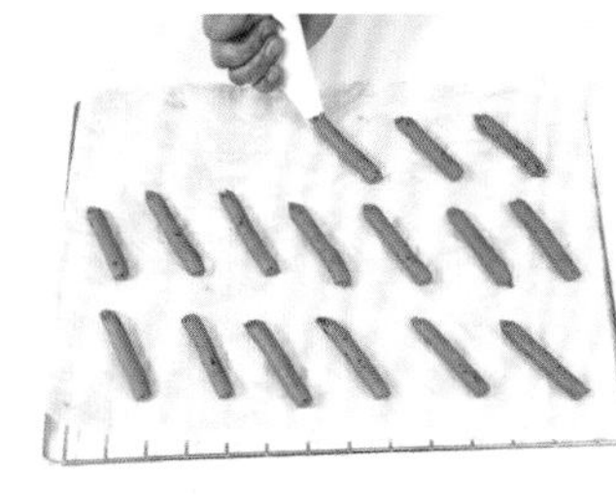

4 装入已带有牙嘴的裱花袋，在高温布上挤成长条状，长短均匀。

5 入炉，以160℃的炉温烘烤。

6 烤约20分钟至完全熟透，出炉，冷却即可。

小贴士 烘烤饼干注意事项

烘烤饼干时，饼干坯的厚薄、大小应一致，烤出来的颜色才会漂亮。刚做好的饼干面团会较软，可先冰硬再拿来制作、烘焙。烤的时候一次只烤一盘饼干，若是饼干上色不够均匀，可将烤盘掉头再继续烘烤。如果要烤第二盘饼干，要等烤盘放凉后再将生饼干放入，因为烤盘太热会破坏糕点的造型。饼干烤好后要先放凉定型后，再将其取下。制作西点时，若想让饼皮表面的颜色亮丽金黄，可在饼皮表面刷上蛋液。

香甜解饥：

S曲奇饼干

所需时间
45分钟左右

材料 Ingredient

奶油	180克	低筋面粉	180克
糖粉	120克	高筋面粉	110克
食盐	2克	奶粉	30克
全蛋	90克	奶香粉	3克

做法 Recipe

1 把奶油、糖粉、食盐混合，先慢后快，打至奶白色。

2 分次加入全蛋，拌匀至无液体。

3 加入高筋面粉、低筋面粉、奶粉、奶香粉，拌至无粉粒状。

4 装入已放了牙嘴的裱花袋，挤入烤盘内，大小均匀。

5 入炉，以160℃的炉温烘烤。

6 烤约25分钟至完全熟透，出炉，冷却即可。

制作指导

成形时，饼坯厚薄、大小要尽量一致，烘烤时着色才均匀。

健脑补血：

红糖葡萄酥

所需时间
50 分钟左右

材料 Ingredient

奶油	63克	低筋面粉	80克
红糖粉	63克	高筋面粉	30克
泡打粉	2克	葡萄干	40克
全蛋	25克	核桃仁碎	15克

做法 Recipe

1 把奶油、红糖粉、泡打粉混合，完全拌匀。

2 分次加入全蛋，搅拌均匀。

3 加入低筋面粉、高筋面粉、葡萄干、核桃仁碎，先慢后快，拌至无粉粒状，拌透。

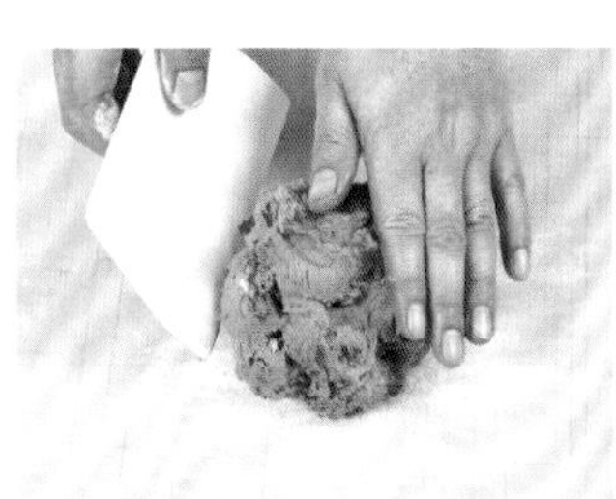

4 取出，堆叠搓成长条状。

5 分切成小份，用手压扁，摆入烤盘。

6 入炉，以150℃的炉温烤约25分钟至完全熟透，出炉，冷却即可。

制作指导

红糖与砂糖可自由选择，果碎多少亦可自由调节。

益气泽肌：

芝士奶酥

所需时间
45 分钟左右

材料 Ingredient

奶油	63克	清水	45克
糖粉	45克	低筋面粉	175克
食盐	2克	奶粉	10克
液态酥油	45克	芝士粉	8克

做法 Recipe

1 把奶油、糖粉、食盐混合在一起，先慢后快，打至奶白色。

2 分次加入液态酥油、清水，搅拌均匀，至无液体状。

3 加入低筋面粉、奶粉、芝士粉，拌至无粉粒状，拌透。

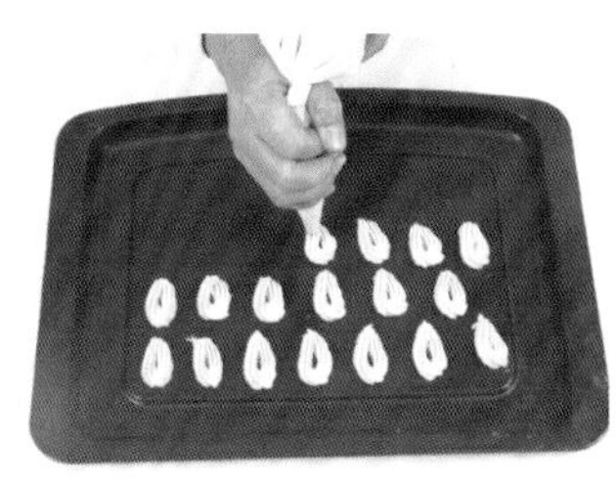

4 装入带有松一点齿的小牙嘴的裱花袋，在烤盘内挤出水滴的形状。

5 入炉，以150℃的炉温烘烤。

6 烤约25分钟至完全熟透，出炉，冷却即可。

制作指导

芝士粉的用量可依个人喜好调节。

水晶之恋：

冰花酥

所需时间
75 分钟左右

材料 Ingredient

白奶油	63克	臭粉	1克
砂糖	85克	蛋清	30克
小苏打	1克	低筋面粉	125克
泡打粉	2克		

制作指导

砂糖若是不粘饼坯，可在饼坯表面扫少许清水，再粘砂糖。

做法 Recipe

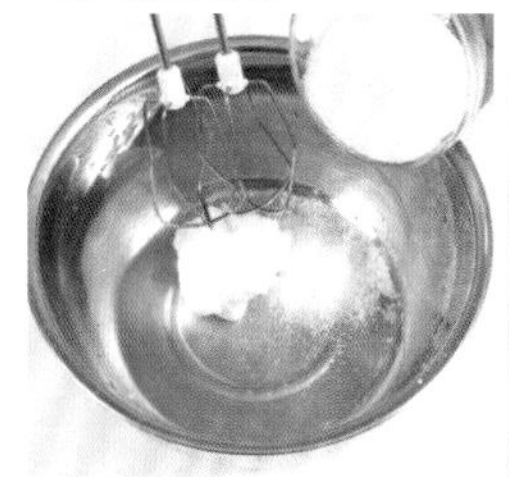

1 把白奶油、砂糖、小苏打、泡打粉、臭粉混合，拌匀。

2 分次加入蛋清，拌匀。

3 加入低筋面粉，拌匀至无粉粒状。

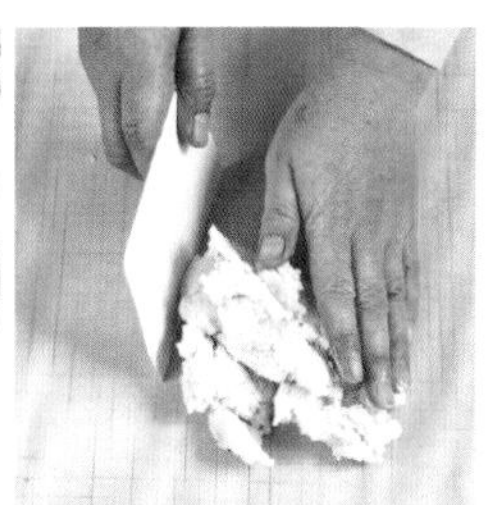

4 取出放在案台上，搓揉成光滑面团。

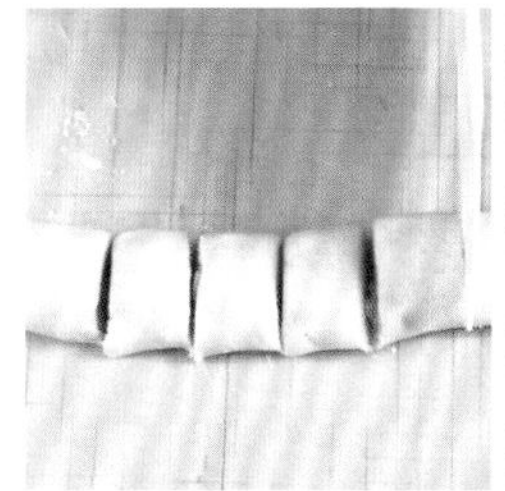

5 搓成长条状，分切成小份。

6 搓圆、压扁，在中间压孔。

7 表面粘上砂糖粒，排入烤盘，静置30分钟以上。

8 入炉，以150℃的炉温烘烤，烤约30分钟至完全熟透，出炉冷却即可。

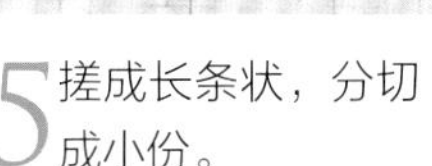

小贴士 做西点时称量要准确

做西点时称量是很重要的，这是烘焙成功的第一步，尤其是称量粉状材料和固体类的油脂，如果使用杯子或量匙是很难量精确的，这时候就必须用一个精确的秤来称量。如果想先用量杯或量匙来称量，那可以参考换算表，因为同样是一杯，水、油、面粉的重量是不相同的。若是粉状材料，分量低于 10 克可用量匙来称量，因为称量工具大部分都是以 10 克为一单位。若低于 1 克，就不容易称量了。

润肤驻颜：

椰蓉酥

所需时间
75 分钟左右

材料 Ingredient

奶油	88克	全蛋	15克
砂糖	85克	低筋面粉	90克
泡打粉	2克	椰蓉	80克
臭粉	1克		

做法 Recipe

1 把奶油、砂糖、泡打粉、臭粉混合，拌匀。

2 分数次加入全蛋，完全拌匀至无液体状。

3 加入低筋面粉、椰蓉，拌匀拌透。

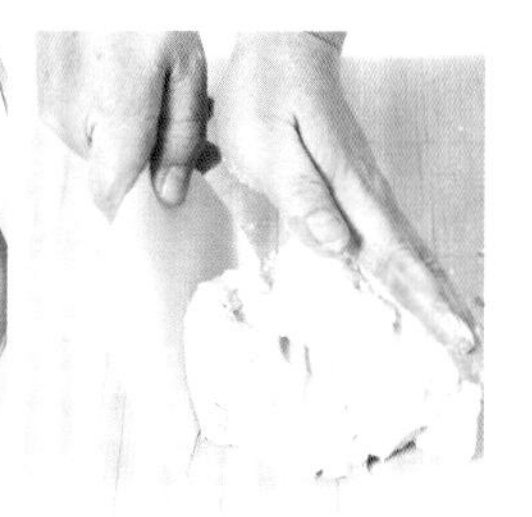

4 取出，搓成面团。

5 搓成长条状，分切成均等的小份。

6 压扁，排入烤盘。

7 静置30分钟后，入炉，以150℃的炉温烘烤。

8 烤约25分钟至完全熟透，出炉，冷却即可。

制作指导

饼坯制作完成后，饼坯要稍作松弛，饼坯之间要留一定的空间，以免烘烤过程中粘连在一起。

益气养血：

椰味葡萄酥

所需时间
70 分钟左右

材料 Ingredient

奶油	150克	全蛋	30克
砂糖	100克	椰蓉	80克
小苏打	2克	低筋面粉	120克
泡打粉	3克	椰香粉	3克
臭粉	2克	葡萄干	70克

制作指导

将葡萄干洗干净后，加少许果酒浸泡，风味更浓。

做法 Recipe

1 把奶油、砂糖、小苏打、泡打粉、臭粉混合，完全拌匀。

2 分次加入全蛋，拌透。

3 加入椰蓉、低筋面粉、椰香粉、葡萄干，拌匀至无干粉状。

4 取出，搓成光滑的面团。

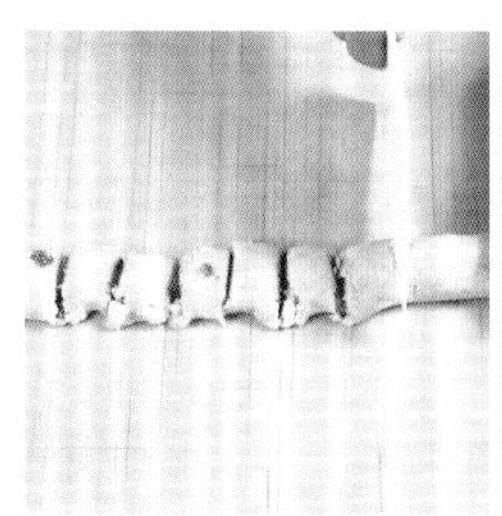

5 搓成长条状，分切成均匀的小份。

6 排入烤盘，用手轻压一下。

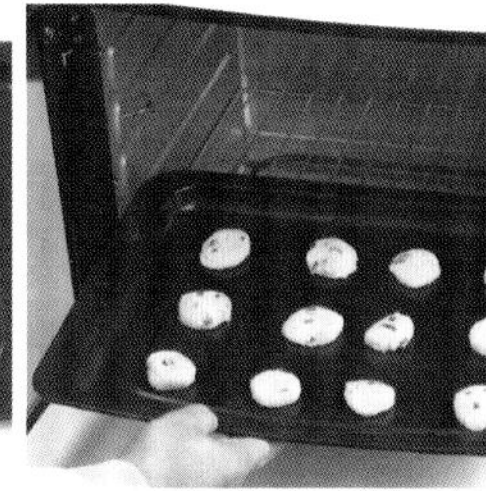

7 静置30分钟之后，入炉，以150℃的炉温烘烤。

8 烤约25分钟至完全熟透，出炉，冷却即可。

抗疲劳：

桃酥王

所需时间 50 分钟左右

材料 Ingredient

奶油	75克	蛋糕碎	50克
砂糖	53克	核桃仁碎	40克
小苏打	1克	泡打粉	2克
全蛋	30克	臭粉	2克
低筋面粉	85克	蛋黄液	100克

制作指导

果碎的量可自行调节，如不用蛋黄浸泡的方式，亦可用扫蛋黄的方式。

做法 Recipe

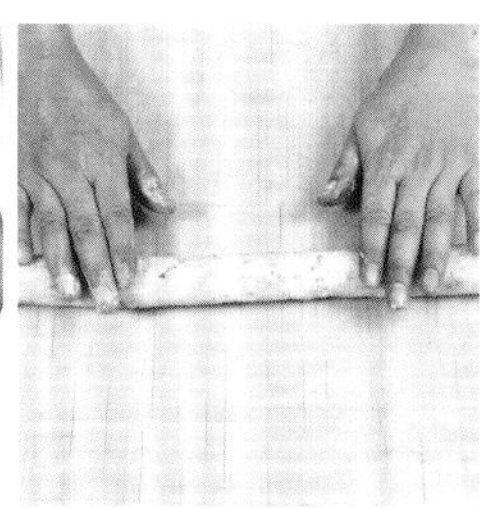

1 把奶油、砂糖、泡打粉、臭粉倒在一起，先慢后快，完全搅拌均匀。

2 分次加入全蛋，搅拌均匀。

3 加入小苏打、低筋面粉、蛋糕碎、核桃仁碎，先慢后快，搅拌均匀。

4 取出，在案台上堆叠成面团，搓成长条状。

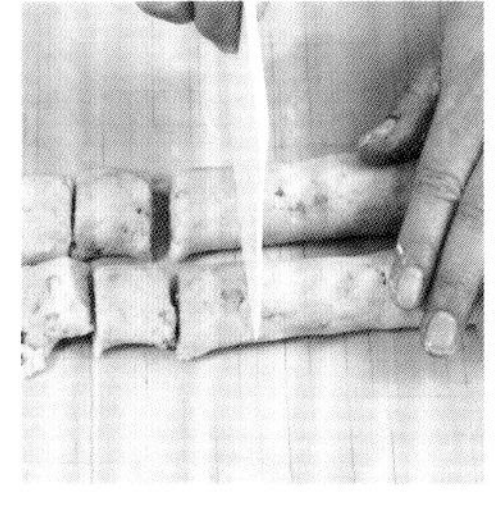

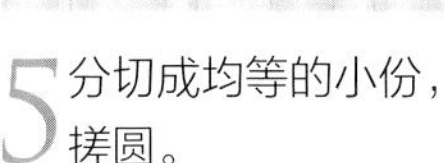

5 分切成均等的小份，搓圆。

6 放入已过筛的纯蛋黄液内，用夹子夹起沥掉多余的蛋液，放到铺有高温布的钢丝网上。

7 入炉，以150℃的炉温烘烤。

8 烤约30分钟至完全熟透，出炉，冷却即可。

小贴士 烘烤时的注意事项

在烘烤前一定要先把烤箱预热到所需的温度。体积大的西点须用低温长时间烘焙，烘烤时若担心外皮烤得太焦，可在蛋糕表皮烤至金黄色后，在表面覆盖一层铝箔纸来隔开上火。小西点烘烤时则相反，烤时须用高温，时间也较短。

健脾润肺：

无花果奶酥

所需时间
40 分钟左右

材料 Ingredient

奶油	125克	低筋面粉	170克
糖粉	100克	杏仁粉	20克
全蛋	30克	无花果（切碎）	适量
鲜奶	20克		

做法 Recipe

1 把奶油、糖粉混合，先慢后快，打至奶白色。

2 分次加入全蛋、鲜奶，拌透。

3 加入低筋面粉、杏仁粉，拌至无粉粒状。

4 加入切碎的无花果，完全拌匀。

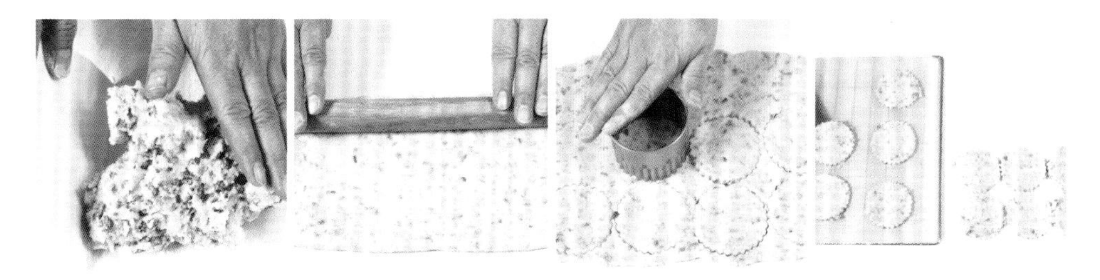

5 取出放在案台上，搓成长条状。

6 擀成均匀的面片。

7 用印模压出形状。

8 移至铺有高温布的钢丝网上。

9 在表面扎孔，入炉，以160℃的炉温烘烤。

10 烤约25分钟至完全熟透，出炉，冷却即可。

制作指导

也可在制作前把无花果用少许水浸泡，尽量切碎一些，以免造型不美观。

小贴士 打发奶油的注意事项

冰冻的奶油是无法制作的，所以在使用前必须先放在室温下，使其软化到用手指轻压奶油即凹陷的程度。注意，不管怎么赶时间都不能使用微波炉来解冻奶油，假如真的需要早点解冻，可用隔水加热法让它软化到手指轻压能使其凹陷的程度，切勿加热过度，如果让其融化成液体状是无法打发的。

香甜酥脆：

芝麻奶酥

所需时间
50 分钟左右

材料 Ingredient

奶油	100克	低筋面粉	160克
糖粉	50克	黑芝麻	25克
全蛋	30克	白芝麻	25克

做法 Recipe

1 将奶油、糖粉混合，搅拌均匀。

2 分次加入全蛋，搅拌至完全透彻。

3 加入低筋面粉，拌匀成面团。

4 将面团倒在案台上，然后加入黑白芝麻。

5 用手堆叠成芝麻面团。

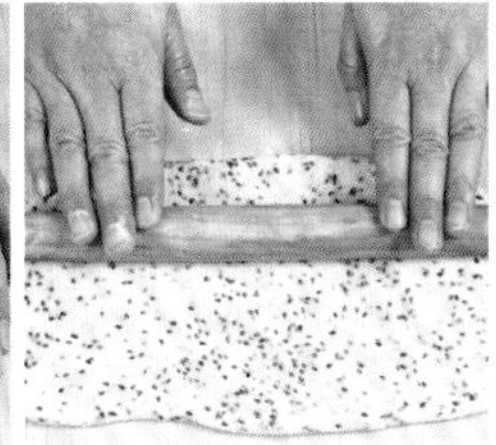

6 将面团用擀面杖压薄。

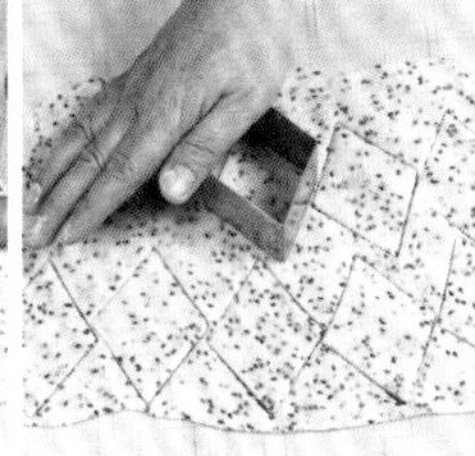

7 用切模压成饼坯。

8 将边料取走，把饼坯排于耐高温纸上。

9 入炉以150℃的炉温烘烤。

10 烤约30分钟至浅金黄色熟透后，出炉冷却即可。

制作指导

芝麻最好用手叠入面团里，这样黑芝麻不易脱色。

润肺养颜：

玫瑰奶酥

所需时间
45 分钟左右

材料 Ingredient

奶油	80克	低筋面粉	115克
糖粉	67克	杏仁粉	20克
食盐	1克	玫瑰花粉	15克
蛋清	20克		

做法 Recipe

1 把奶油、糖粉、食盐混合，搅匀。

2 加入蛋清，搅至完全透彻。

3 加入低筋面粉、杏仁粉、玫瑰花粉，拌匀成面团。

4 将面团倒在案台上，再用手搓成光滑面团。

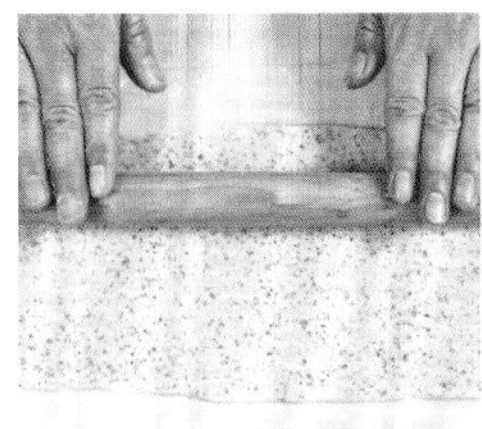

5 用擀面杖将面团压薄。

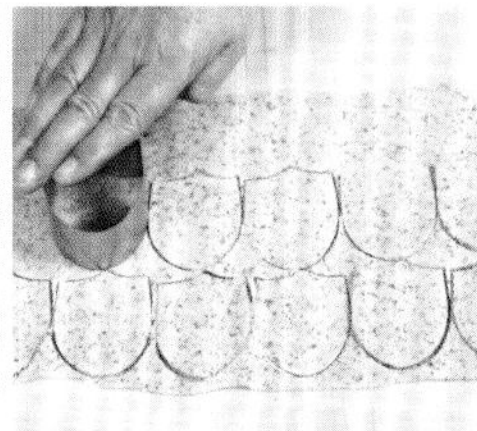

6 再用切模压成饼坯。

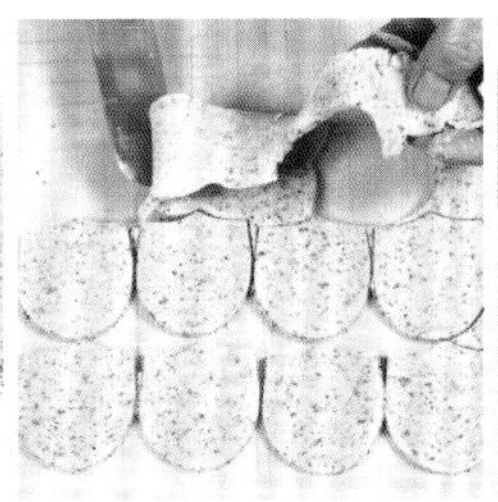

7 将边料取走。

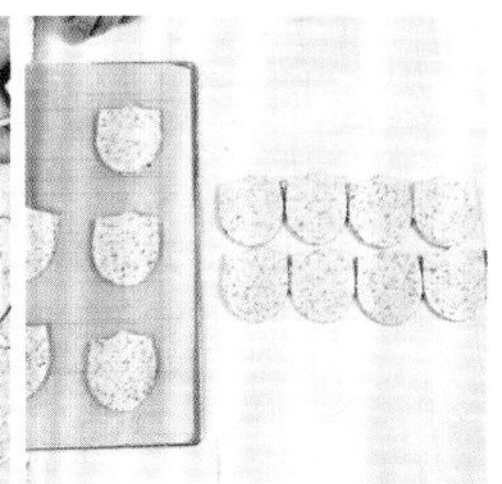

8 把饼坯排于耐高温的纸上。

9 入炉以150℃的炉温烘烤。

10 烤约30分钟至熟透后，出炉冷却即可。

制作指导

花蕾磨粉前最好先入炉烤一会，这样更易于打磨。

小贴士 首次使用烤箱的注意事项

烤箱买回后，在首次使用前，应用纸巾将加热管上的油擦去（某些厂家给加热管涂油的目的，是为了避免在销售期间加热管受潮生锈），否则在使用时会有黑烟冒出。另外，烤箱在使用时需要提前预热，也就是设定好温度，提前打开空烧 5 分钟左右，使内部达到需要的烘烤温度。

健脑益智：

咖啡奶酥

所需时间 50分钟左右

材料 Ingredient

奶油	100克	低筋面粉	160克
糖粉	50克	咖啡粉	8克
全蛋	30克	夏威夷果碎	70克

做法 Recipe

1 把奶油、糖粉混合拌匀。

2 分次加入全蛋，拌至完全均匀。

3 然后加入低筋面粉、咖啡粉、夏威夷果碎，拌匀。

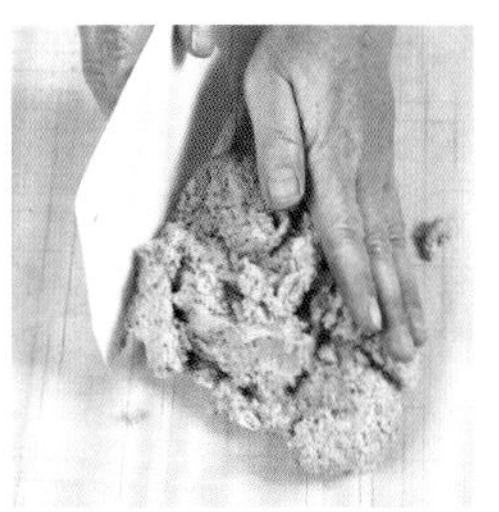

4 将拌好的面团倒在案台上，堆叠均匀。

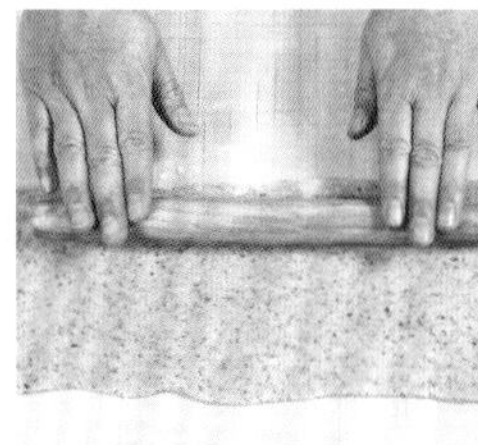

5 用擀面杖压薄。

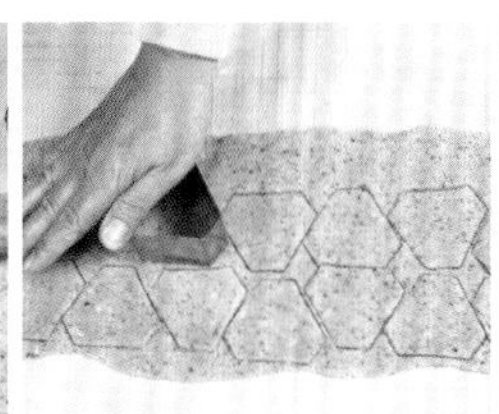

6 然后用切模压成饼坯。

7 将边料取走。

8 将饼坯移到耐高温的纸上排好。

9 入炉以150℃的温度烘烤。

10 烤约30分钟至呈浅金黄色熟透后，出炉冷却即可。

制作指导

果碎可自由选择，咖啡粉的多少亦可按个人口味而变化。

绿色心情：

绿茶瓜子酥

所需时间
75 分钟左右

材料 Ingredient

奶油	63 克	低筋面粉	100 克
砂糖	75 克	瓜子仁粉	18 克
臭粉	1.5 克	绿茶粉	8 克
泡打粉	2 克	瓜子仁	适量
全蛋	30 克	清水	少许

做法 Recipe

1 把奶油、砂糖、臭粉、泡打粉混合拌透。

2 分次加入全蛋拌透。

3 加入低筋面粉、瓜子仁粉、绿茶粉，完全拌匀至无粉粒状。

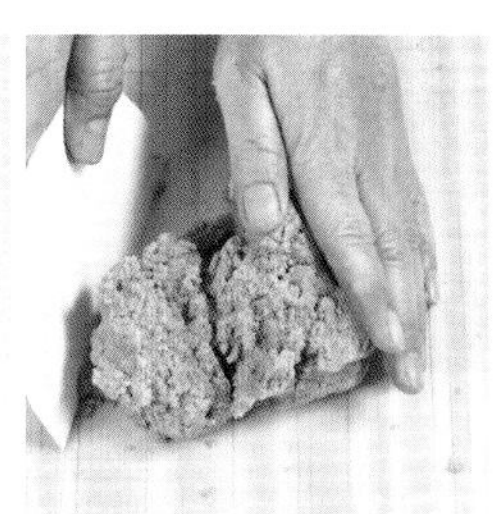

4 取出放在案台上，堆叠成光滑的面团，并搓成长条状。

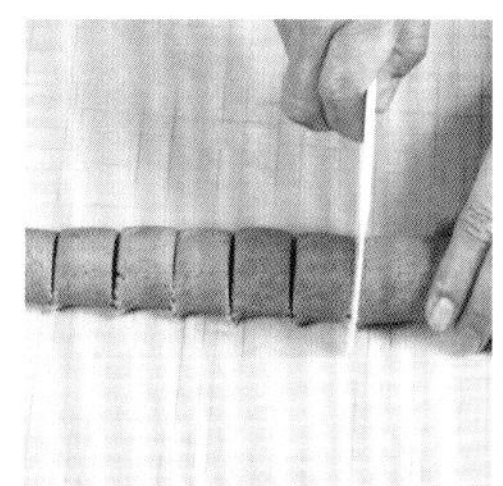

5 分切成均等的小份。

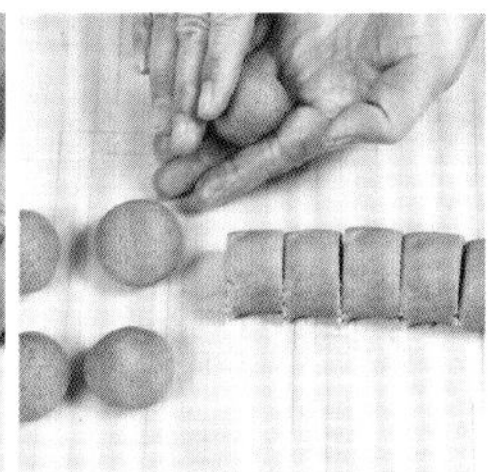

6 搓圆，中间压出小洞。

7 在表面扫上清水。

8 粘上瓜子仁并摆入烤盘，静置 30 分钟以上。

9 入炉以 150℃ 的温度烘烤。

10 烤约 30 分钟至完全熟透后，出炉冷却即可。

制作指导

饼坯可粘各种不同的果碎来装饰。

小贴士 什么是低筋面粉

低筋面粉是面粉中的一种。高筋面粉、低筋面粉的分类与面粉中所含蛋白质的多少有关。高筋面粉蛋白质的含量在 10% 以上，低筋面粉蛋白质的含量在 6.5% ~ 8.5%。靠近麦粒外皮的部分蛋白质含量比靠近中央的多，硬质小麦的蛋白质含量高，一般用于生产高筋面粉；软质小麦多用于生产低筋面粉。

香酥脆甜：

车轮酥

所需时间
45 分钟左右

材料 Ingredient

奶油	160 克	低筋面粉	220 克
糖粉	80 克	可可粉	15 克
全蛋	50 克	清水	少许

做法 Recipe

1 把奶油、糖粉混合，打至奶白色。

2 分次加入全蛋拌透。

3 加入低筋面粉，拌匀至无干粉状。

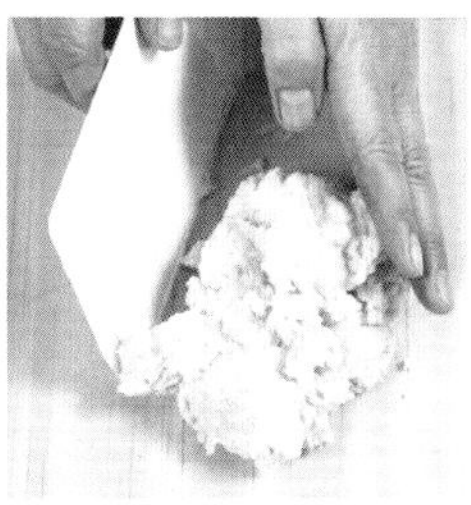

4 取出放在案台上，堆叠成光滑的面团。

5 把面团分切成 2 份，在其中一份中加入可可粉，混合均匀。

6 分别擀成同样大小、厚薄的面片。

7 在原色面片上扫少许清水。

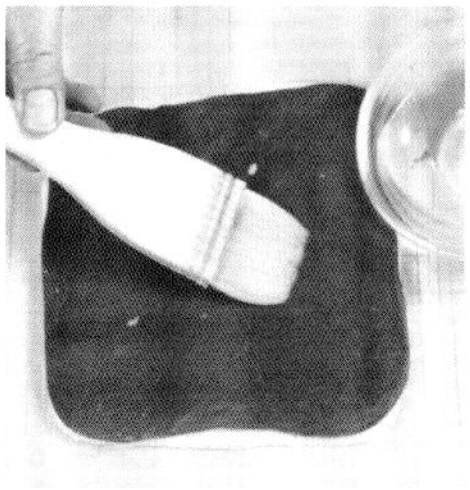

8 盖上调色面片，在表面扫少许清水。

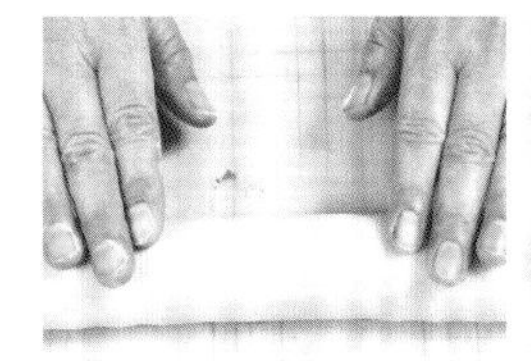

9 卷起成卷状，移至托盘内，入冰箱冷冻至硬。

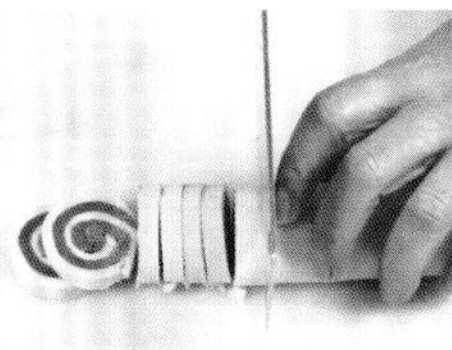

10 取出切成厚薄均匀的饼坯。

11 排在垫有高温布的钢丝网上。

12 入炉，以 160℃的炉温烤约 30 分钟至完全熟透后，出炉，冷却即可。

制作指导

面片卷起时必须卷紧，以免切过的饼坯中间有空隙。

浓浓椰香：

椰子圈

所需时间
40 分钟左右

材料 Ingredient

奶油	125 克	低筋面粉	160 克
糖粉	85 克	奶粉	40 克
食盐	2 克	椰蓉	适量
全蛋	90 克		

制作指导

椰蓉易着色，需要掌控好炉温。

做法 Recipe

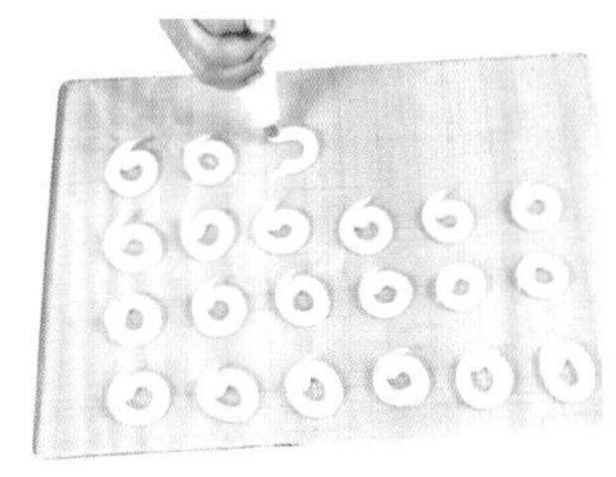

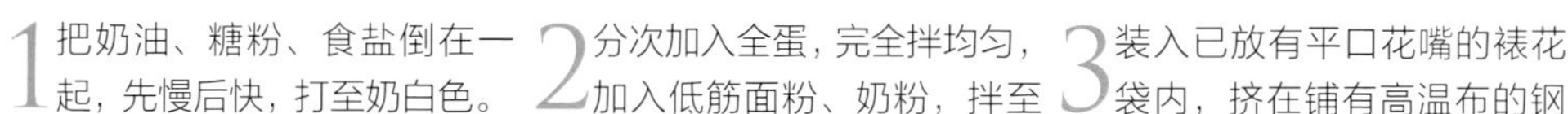

1 把奶油、糖粉、食盐倒在一起，先慢后快，打至奶白色。

2 分次加入全蛋，完全拌均匀，加入低筋面粉、奶粉，拌至无粉粒状，拌透。

3 装入已放有平口花嘴的裱花袋内，挤在铺有高温布的钢丝网上，大小均匀。

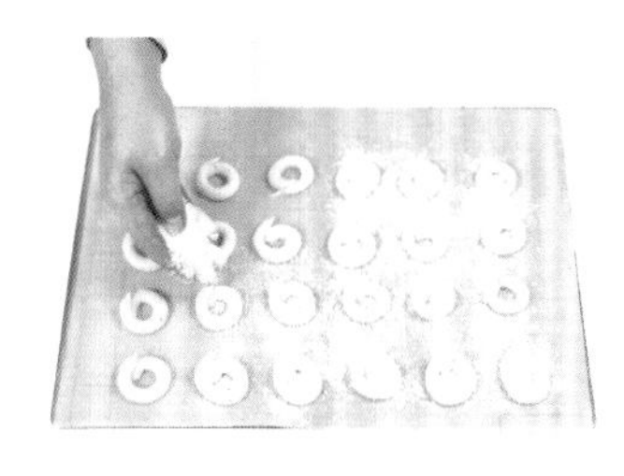

4 在表面撒上椰蓉装饰，多余的倒掉。

5 入炉，以 150℃的炉温烘烤。

6 烤约 20 分钟至完全熟透后，出炉，冷却即可。

小贴士 什么是糖粉

糖粉为洁白的粉末，糖颗粒非常细，同时含有 3% ~ 10% 的淀粉填充物（一般为玉米淀粉），用以防潮及防止糖粒纠结。糖粉可直接以网筛筛在西点成品上做表面装饰。

醇香酥脆：

意式巧克力饼

所需时间
40 分钟左右

材料 Ingredient

奶油	75 克	杏仁粉	15 克
砂糖	30 克	可可粉	7 克
食盐	1 克	巧克力豆	25 克
全蛋	40 克	夏威夷果	适量
低筋面粉	90 克		

制作指导

装饰干果可自由选择。

做法 Recipe

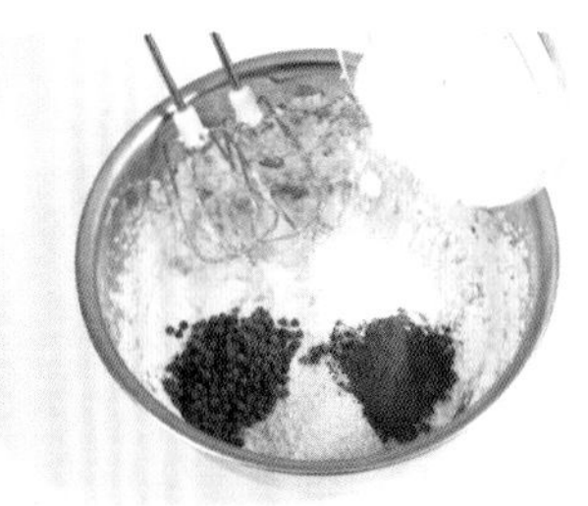

1 把奶油、砂糖、食盐倒在一起，打至奶白色。

2 分次加入全蛋拌匀。

3 加入低筋面粉、杏仁粉、可可粉、巧克力豆，完全拌匀至无干粉。

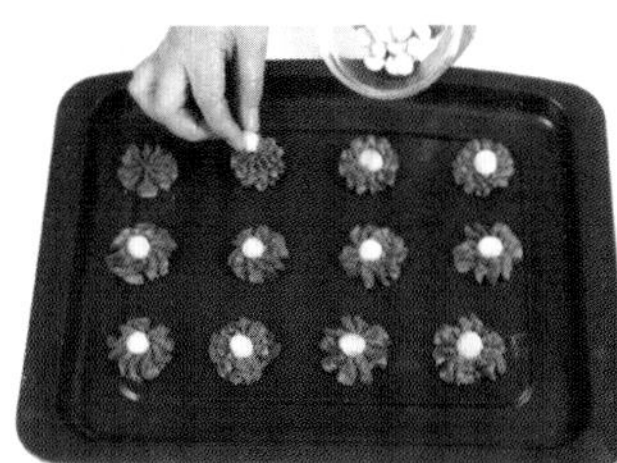

4 装入套有牙嘴的裱花袋内，挤入烤盘。

5 在表面放上夏威夷果作为装饰。

6 入炉，以 160℃的炉温烘烤约 25 分钟至完全熟透后，出炉冷却即可。

小贴士 可可粉是什么

可可粉是从可可树结出的豆荚（果实）里取出的可可豆（种子），经发酵、粗碎、去皮等工序得到可可豆碎片（通称“可可饼”），由可可饼脱脂粉碎之后的粉状物。可可粉按其含脂量不同分为高、中、低脂可可粉；按加工方法不同分为天然粉和碱化粉。可可粉具有浓烈的可可香气，可用于高档巧克力、冰淇淋、糖果、糕点及其他食品的制作。

浓浓奶香：

雪花牛奶塔

所需时间
25 分钟左右

材料 Ingredient

淡奶油	75 克	玉米淀粉	45 克
鲜奶	120 克	奶粉	25 克
清水	150 克	白奶油	20 克
砂糖	50 克	椰蓉	适量

做法 Recipe

1 将淡奶油、鲜奶、砂糖混合拌匀。

2 加热煮开，再加入清水、奶粉、玉米淀粉混合成面糊。

3 待面糊煮熟透后，加入白奶油。

4 拌至完全融化。

5 稍凉后装入裱花袋，然后填入锡箔模内，装至九分满。

6 表面撒上椰蓉装饰后，入冰箱冷藏即可。

制作指导

加热的过程中，注意控制好炉温，不要煮焦。

养血护肤：

白芝麻饼

所需时间
45 分钟左右

材料 Ingredient

全蛋	95 克
砂糖	95 克
低筋面粉	45 克
白芝麻	100 克

制作指导

蛋糊必须充分打发，烘烤时要用慢火烘，才能熟透且颜色好看。

做法 Recipe

1 把全蛋、砂糖倒在一起，先慢后快，打发至原体积的2倍。

2 加入低筋面粉，拌至无粉粒状。

3 加入白芝麻，完全拌匀。

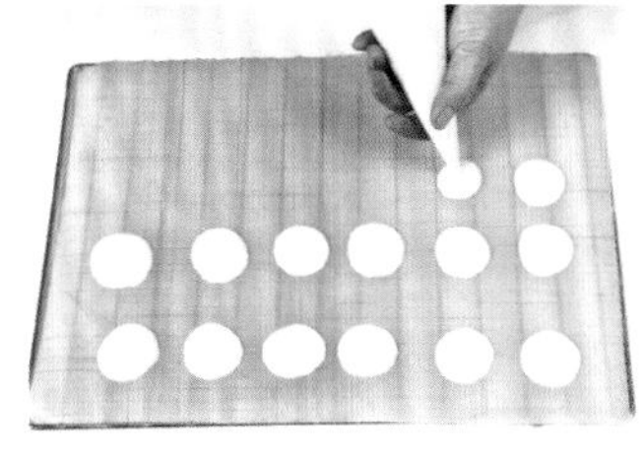

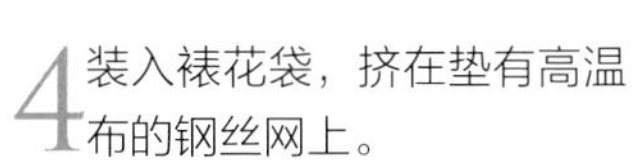

4 装入裱花袋，挤在垫有高温布的钢丝网上。

5 入炉以150℃的炉温烘烤。

6 烤约20分钟至完全熟透后，出炉，冷却即可。

小贴士 芝麻的作用

芝麻含有大量的脂肪和蛋白质，还含有糖类、维生素A、维生素E、卵磷脂、钙、铁、镁等营养成分。芝麻中的亚油酸有调节胆固醇的作用；芝麻中含有丰富的维生素E，能防止过氧化脂质对皮肤的危害，抵消或中和细胞内有害物质游离基的积聚，可使皮肤白皙润泽，并能防止各种皮肤炎症；芝麻还具有养血的功效，可以改善皮肤干枯、粗糙，令皮肤细腻光滑、红润光泽。

香脆滋腻：

芝麻花生球

所需时间
45 分钟左右

材料 Ingredient

蛋清	45 克	花生碎	65 克
砂糖	50 克	黑芝麻（烤香）	14 克
食盐	1 克	椰蓉	106 克

做法 Recipe

1 把蛋清、砂糖、食盐倒在一起，充分搅拌至砂糖完全溶化呈泡沫状。

2 加入花生碎、椰蓉拌匀。

3 加入烤香的黑芝麻拌匀。

4 用手搓成大小均匀的圆球，排在高温布上。

5 移到钢丝网上，入炉，以130℃的炉温烘烤。

6 烤约 20 分钟至完全熟透后，出炉冷却即可。

制作指导

最好表面不要着色，加入黑芝麻后不能拌太久。

香浓脆甜：

椰子球

所需时间 45 分钟左右

材料 Ingredient

奶油	50 克	鲜奶	20 克
糖粉	120 克	奶粉	20 克
蛋黄	40 克	椰蓉	140 克

制作指导

制作过程中，所有材料必须完全拌透。饼坯完成后，需稍静置再烤。

做法 Recipe

1 把奶油、糖粉混合拌匀。

2 分次加入蛋黄、鲜奶拌匀。

3 加入奶粉、椰蓉，搅拌均匀至透。

4 搓成大小相同的小圆球，排于铺有高温布的钢丝网上。

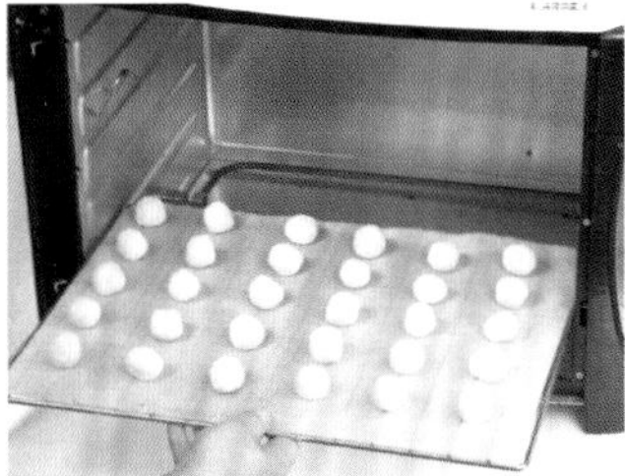

5 入炉以130℃的炉温烘烤。

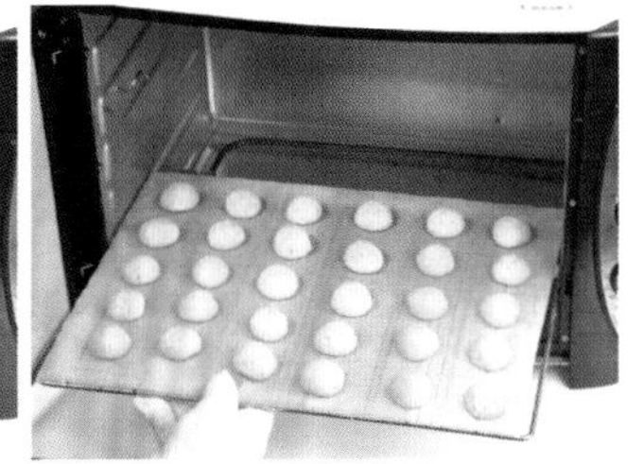

6 烤约 20 分钟至完全熟透后，出炉，冷却即可。

小贴士 如何购买包装奶粉

无论是罐装奶粉还是袋装奶粉，生产厂家为延长奶粉保质期，通常都会在包装物内充填一定量的氮气。由于包装材料的差别，罐装奶粉密封性能较好，氮气不易外泄，能有效遏制各种细菌生长；而袋装奶粉阻气性能较差，选购袋装奶粉时可用双手挤压一下，如果漏气、漏粉或袋内根本没气，说明该袋奶粉已潜伏质量问题，遇此情况切记不要购买。

香甜干脆：

金手指

所需时间
45 分钟左右

材料 Ingredient

奶油	170 克	低筋面粉	170 克
糖粉	110 克	高筋面粉	70 克
食盐	3 克	吉士粉	15 克
全蛋	65 克		

制作指导

挤在烤盘内时，手的力度要均匀，不要停顿，以免有结口。

做法 Recipe

1 将奶油、糖粉、食盐倒在一起，先慢后快，打至奶白色。

2 分次加入全蛋，拌匀成无液体状。

3 加入低筋面粉、高筋面粉、吉士粉，拌至无粉粒状。

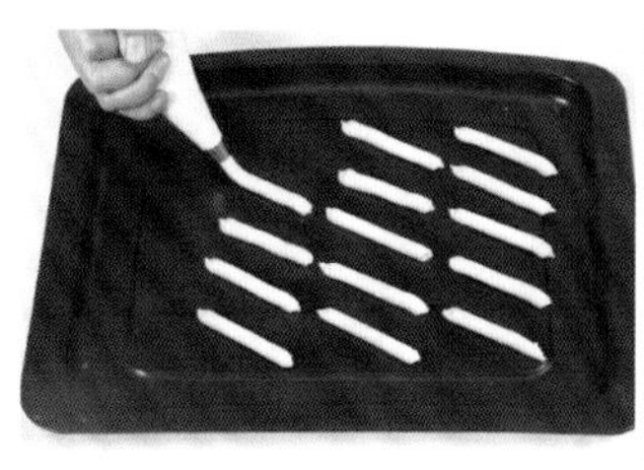

4 装入已装了圆嘴的裱花袋内，挤入烤盘。

5 入炉以150℃的炉温烘烤。

6 烤约 25 分钟至完全熟透后，出炉，冷却即可。

小贴士 奶油究竟有几种

由于划分的标准不同，奶油的种类相当多。根据性质不同可将奶油分为动物性奶油、植物性奶油、鲜奶油；还可以根据是否添加食盐，分为无盐奶油和含盐奶油；也可以根据奶油中油脂含量的多少来区分，即分为高脂奶油和低脂奶油。

养心防衰：

香杏小点

所需时间
45 分钟左右

材料 Ingredient

奶油	80 克	低筋面粉	145 克
糖粉	75 克	可可粉	18 克
全蛋	38 克	杏仁片	75 克

制作指导

杏仁片可用其他坚果代替。

做法 Recipe

1 把奶油、糖粉倒在一起，先慢后快，打至奶白色。

2 分次加入全蛋拌匀。

3 加入低筋面粉、可可粉，拌至无粉粒状。

4 加入杏仁片，搅拌均匀。

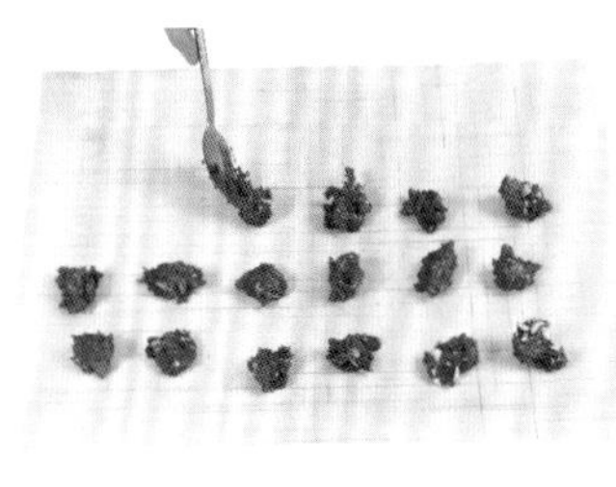

5 用汤勺挖成大小均匀的团，放到备好的高温布上。

6 入炉，以 150℃的炉温烘烤约 25 分钟，至完全熟透后，出炉，冷却即可。

小贴士 杏仁的营养价值

杏仁含蛋白质 27%、脂肪 53%、碳水化合物 11%，每百克杏仁中含钙 111 毫克、磷 385 毫克、铁 70 毫克，还含有一定量的胡萝卜素、抗坏血酸及苦杏仁苷等。杏仁含有丰富的单不饱和脂肪酸，有益心脏健康；含有维生素 E 等抗氧化物质，能预防早衰。

休闲甜点：

花生小点

材料 Ingredient

蛋清	100 克	花生粉	30 克
砂糖	100 克	可可粉	8 克
食盐	1 克	色拉油	20 克
低筋面粉	80 克	花生仁碎	适量

制作指导

用来装饰的花生碎不宜太粉，在粘连时要保持均匀。

做法 Recipe

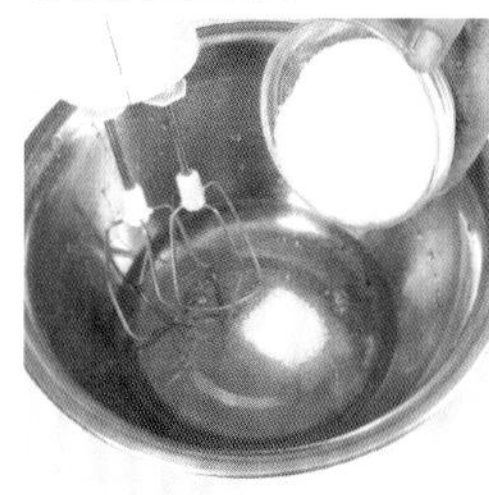

1 把蛋清、砂糖、食盐倒在一起，打至砂糖完全溶化。

2 加入低筋面粉、花生粉、可可粉，拌匀至无粉粒状。

3 分次加入色拉油，完全搅拌均匀。

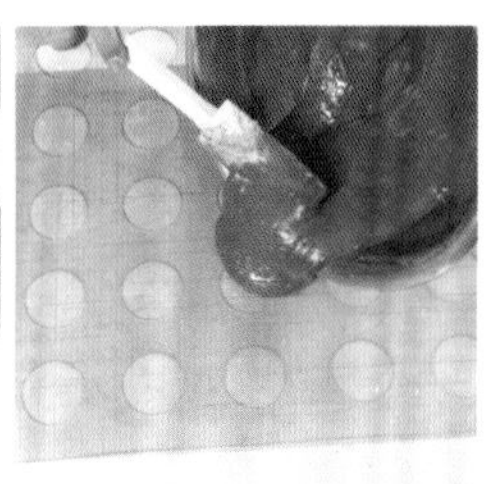

4 倒入垫有高温布的胶模表面。

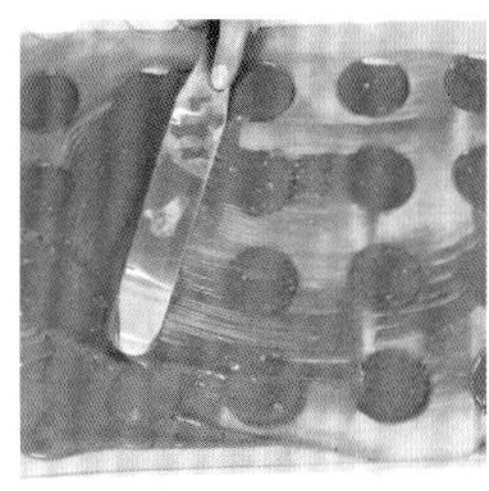

5 用抹刀填满模孔，使其厚薄均匀。

6 取走胶模，在表面均匀地撒上花生仁碎。

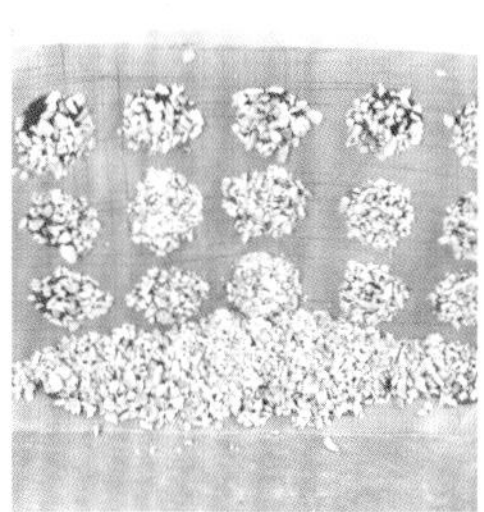

7 双手提起高温布，把多余的花生仁碎倒掉。

8 入炉，以 140℃的炉温烘烤约 20 分钟，至完全熟透后出炉，冷却即可。

小贴士 什么是色拉油

色拉油由大豆提炼而成的透明无味的液态植物油，被经常用于戚风蛋糕及海绵蛋糕的制作。色拉油作凉拌的调味油用口感好，放在雪柜几个小时都会保持澄清透明。色拉油若与白油以 1:3 的比例混合，则可起到猪油的效果。

健脑益智：

核桃小点

所需时间
40 分钟左右

材料 Ingredient

奶油	100 克	全蛋	30 克
砂糖	60 克	低筋面粉	150 克
食盐	2 克	核桃仁碎	80 克

制作指导

果碎的选择因人而定，核桃亦可与巧克力搭配。

做法 Recipe

1 把奶油、砂糖、食盐倒在一起，先慢后快，打至奶白色。

2 分次加入全蛋，拌匀成无液体状。

3 加入低筋面粉、核桃仁碎，拌匀至无粉粒状。

4 取出折叠，搓成长条状。

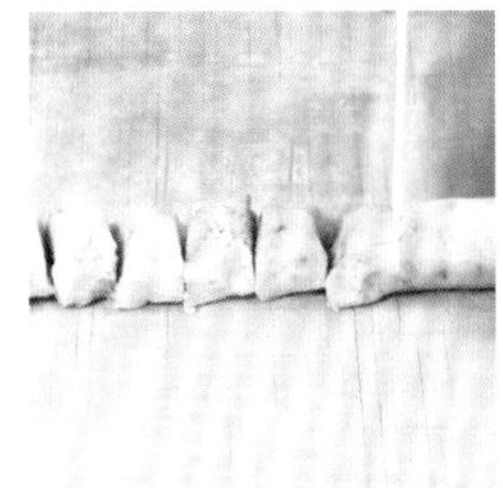

5 切成均等的小份。

6 排入烤盘，用手轻压一下。

7 入炉，以 150℃ 的炉温烘烤。

8 烤约 25 分钟，至完全熟透后出炉，冷却即可。

小贴士 如何挑选核桃

核桃以个大圆整、壳薄白净、出仁率高、干燥、桃仁片张大、含油量高者为佳。挑选方法应以取仁观察为主。果仁丰满为上，干瘪为次；仁衣色泽以黄白为上，暗黄为次，褐黄更次，带深褐斑纹的“虎皮核桃”质量也不好；仁衣泛油则是变质的标志，仁肉白净新鲜者为上，有油迹“菊花心”者为次；子仁全部泛油、黏手、黑褐、有哈喇味的已经严重变质，不能食用。

香酥可口：

指形点心

所需时间
35 分钟左右

材料 Ingredient

无盐奶油	80 克	低筋面粉	50 克
清水	75 克	高筋面粉	50 克
牛奶	75 克	全蛋	150 克
盐	1 克	巧克力	适量
砂糖	10 克	花生仁碎	适量

制作指导

烘烤过程中，中途不能打开炉门，否则点心容易收缩。

做法 Recipe

1 将无盐奶油、清水、牛奶、盐、砂糖一起加热煮开。

2 将低筋面粉、高筋面粉过筛后，加入步骤 1 中搅拌至不粘锅底，离火。

3 分次加入全蛋，搅拌均匀。

4 装入裱花袋，在烤盘的高温布上挤成条形手指状。

5 放入 200℃的烤箱中烤 25 分钟左右。

6 烤至金黄色后，出炉待凉。

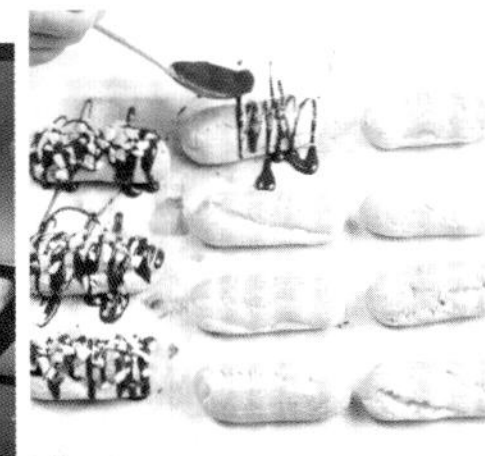

7 在凉后的指形点心表面挤上融化好的巧克力液。

8 再撒上烤熟的花生仁碎作装饰即可。

小贴士 牛奶的好处

牛奶是人们日常生活中喜爱的饮品之一，喝牛奶的好处如今已越来越被大众所认识。牛奶中含有丰富的钙、维生素 D 等，包括人体生长发育所需的全部氨基酸，消化率高达 98%，是其他食物无法比拟的。

润肠补脑：

燕麦核桃饼

所需时间
45 分钟左右

材料 Ingredient

奶油	120 克	鲜奶	30 克
红糖	150 克	低筋面粉	200 克
小苏打	3 克	核桃仁碎	100 克
泡打粉	3 克	燕麦片	100 克
全蛋	75 克		

制作指导

用砂糖还是红糖可自由选择，亦可预留一些燕麦片作表面装饰。

做法 Recipe

1 把奶油、红糖、小苏打、泡打粉混合拌匀。

2 分次加入全蛋、鲜奶，拌至无液体状。

3 加入低筋面粉、核桃仁碎、燕麦片，完全拌匀。

4 取出放在案台上，折叠搓成长条。

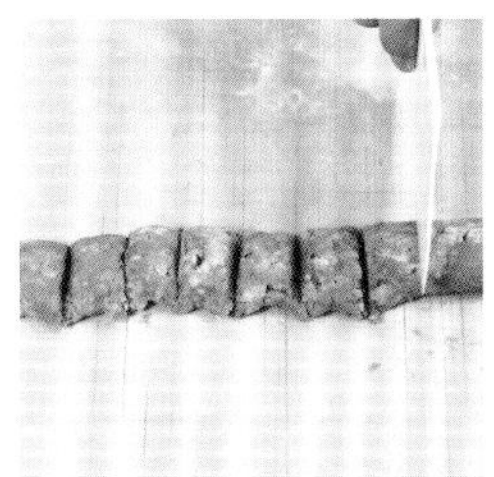

5 切成小份，摆入烤盘。

6 用手轻压扁。

7 入炉，以 150 ℃ 的炉温烘烤。

8 烤约 25 分钟，至完全熟透后出炉，冷却即可。

小贴士 关于燕麦片

燕麦片是由燕麦粒轧制而成的，呈扁平状，直径约相当于黄豆粒，形状完整。去壳燕麦可以磨成粗细不同的燕麦片，或是弄软碾平做成燕麦卷。经过速食处理的速食燕麦片有些散碎感，但仍能看出其原有形状。将燕麦煮后会产生高度黏稠，这是燕麦中的 b- 葡聚糖健康成分造成的，燕麦的降血脂、降血糖、高饱腹效果与这种黏稠物质密切相关。总的来说，等量的燕麦煮出来越黏稠，则保健效果越好。

鲜香甜脆：

杏仁酥饼

所需时间
45 分钟左右

材料 Ingredient

蛋清	180 克	低筋面粉	35 克
砂糖	60 克	液态酥油	15 克
食盐	2 克	杏仁碎	适量
杏仁粉	75 克		

制作指导

蛋清必须充分打发，否则不易成形。

做法 Recipe

1 将蛋清、砂糖、食盐混合，先慢后快搅拌。

2 拌至硬性发泡后，加入杏仁粉、低筋面粉，用慢速拌匀。

3 然后加入液态酥油，拌至完全混合。

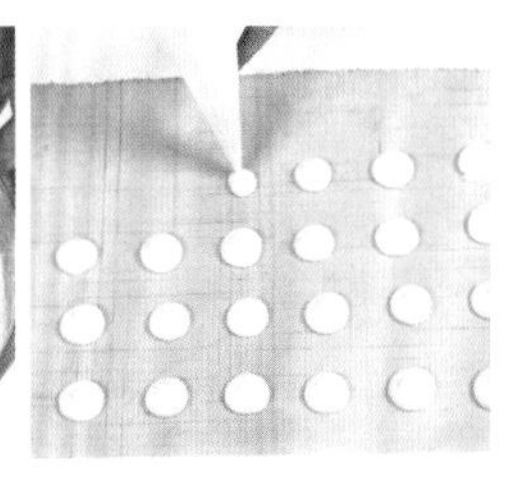

4 用裱花袋将面糊装入，在耐高温纸上挤成形。

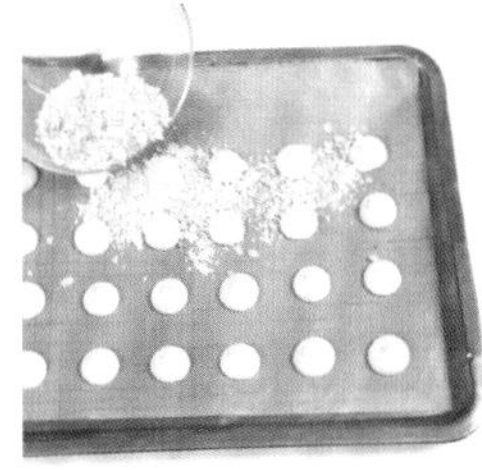

5 表面撒上杏仁碎。

6 将耐高温纸的一边快速提起，把多余的杏仁碎倒掉。

7 入炉，以 120℃ 的温度烘烤。

8 烤约 25 分钟至浅金黄色熟透后，出炉即可。

小贴士 杏仁粉的作用

杏仁粉是非常好的瘦身产品。杏仁粉是维生素 E 和膳食纤维的良好食物源，30 克杏仁粉可以提供 6 克蛋白质、7.4 毫克维生素 E 和 3.3 克膳食纤维。由于杏仁粉是单不饱和脂肪酸的来源，所以可以产生医学上常说的“假温饱”，坚持食用可以起到明显的瘦身效果，对心脏的健康也很有利，可很好地发挥抗衰老作用。

香甜酥脆：

薰衣草饼

所需时间
70 分钟左右

材料 Ingredient

奶油	100 克	低筋面粉	150 克
糖粉	50 克	薰衣草粉	3 克
鲜奶	30 克		

做法 Recipe

1 把奶油、糖粉混合，拌匀成奶白色。

2 分次加入鲜奶，拌透。

3 加入低筋面粉、薰衣草粉，完全拌匀。

4 取出，堆叠揉成纯滑的面团。

5 擀成厚薄均匀的面片。

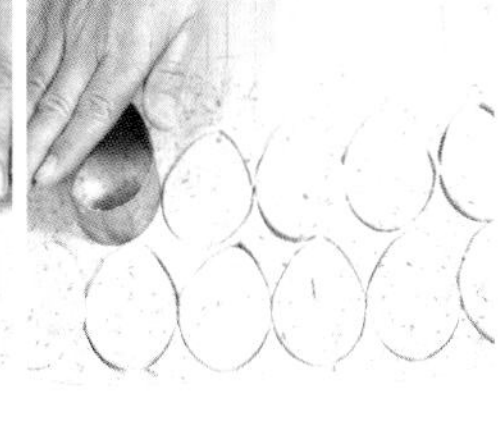

6 用印模压出形状。

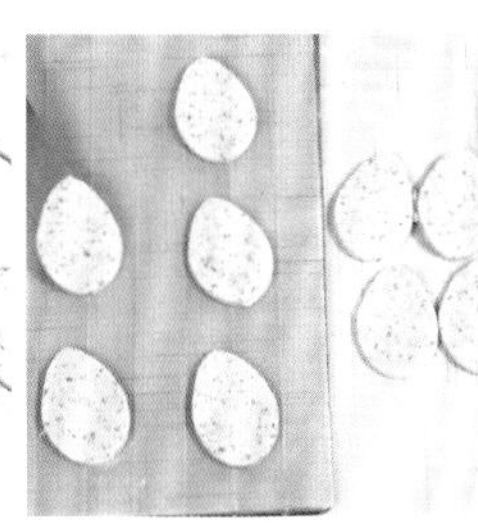

7 排在垫有高温布的钢丝网上。

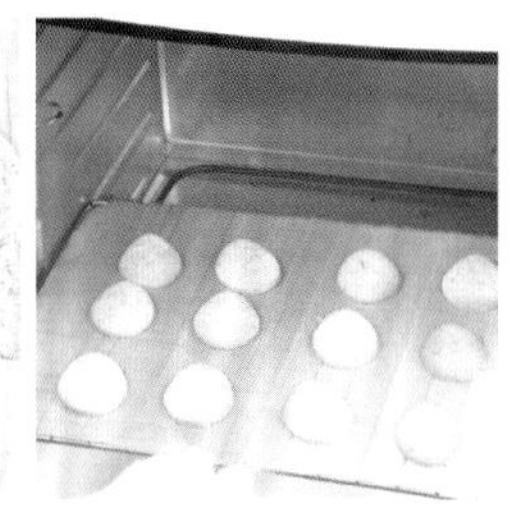

8 入炉，以 150℃的炉温烤约 25 分钟，至完全熟透后，出炉冷却即可。

制作指导

可选择不同印模压出多种形状。

香浓酥脆：

咖啡椰子条

所需时间
40 分钟左右

材料 Ingredient

奶油	90 克	蛋清	70 克
糖粉	100 克	低筋面粉	90 克
咖啡粉	4 克	椰蓉	90 克
清水	4 克		

制作指导

椰蓉较易着色，要控制好炉温。

做法 Recipe

1 把奶油、糖粉混合，先慢后快，打至奶白色。

2 分次加入蛋清，搅拌均匀。

3 把咖啡粉、清水混合拌匀，再加入步骤 2 中拌匀。

4 加入低筋面粉、椰蓉，搅拌均匀。

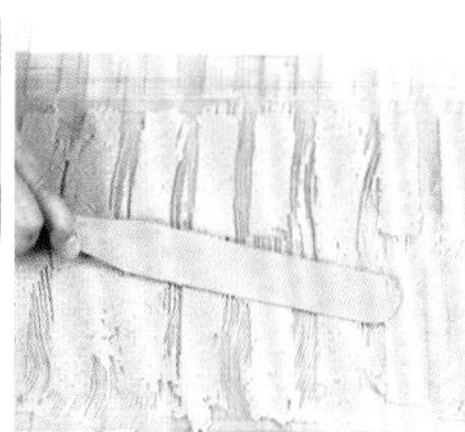

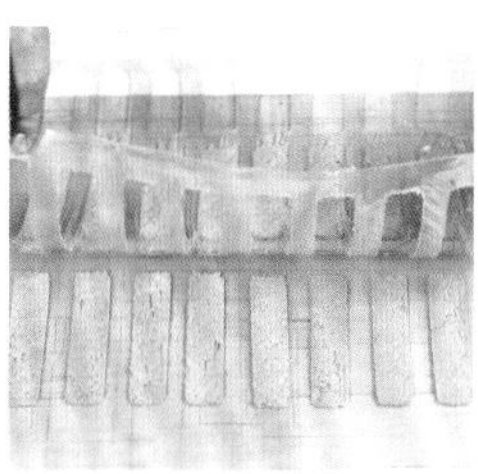

5 倒在已铺好高温布的胶模表面。

6 用抹刀填入胶模内，抹均匀，把表面多余的面糊抹去。

7 取走胶模，把高温布移到钢丝网上。

8 入炉，以 140℃的炉温烘烤，烤约 20 分钟至完全熟透后，出炉，冷却即可。

小贴士 咖啡粉的来历

咖啡是一种农产品，“coffee”一词来源于拉丁文中的生物属类名“coffea”。咖啡生豆是淡绿色的，为半圆形颗粒。咖啡生豆要进行热加工（也就是烘焙），经过烘焙后，咖啡豆的颜色才变成我们所熟悉的深棕色。深棕色的咖啡豆经过研磨就变成咖啡粉。

健脾益胃：

南瓜塔

所需时间
50 分钟左右

材料 Ingredient

A：塔皮（每个 20 克）

奶油	225 克	奶香粉	6 克
糖浆	165 克	吉士粉	30 克
蛋黄	5 个	柠檬皮	少许
低筋面粉	555 克		

B：南瓜馅

熟南瓜泥	250 克	肉桂粉	3 克
鲜奶	150 克	豆蔻粉	3 克
鲜奶油	120 克	兰姆酒	20 克
砂糖	60 克	柠檬皮	少许
全蛋	70 克		

做法 Recipe

1 将塔皮部分的奶油、糖浆混合拌匀。

2 分次加入蛋黄拌透。

3 加入低筋面粉、奶香粉、吉士粉和柠檬皮，拌匀成面团。

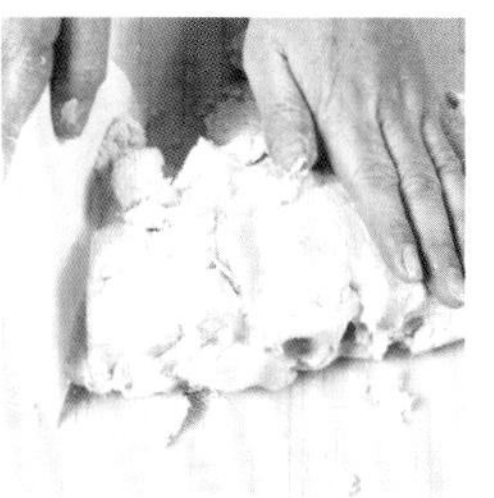

4 将面团倒在案台上，再用手堆叠成纯滑面团。

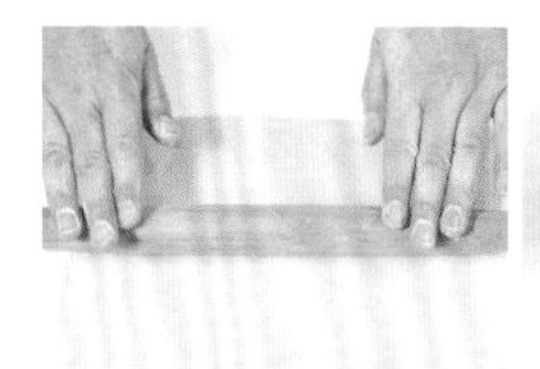

5 将面团擀薄。

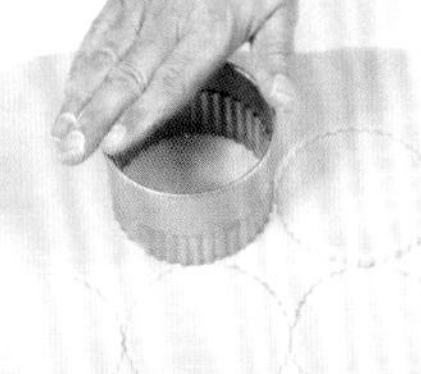

6 用切模切成塔皮。

7 将塔皮捏入塔模内，备用。

8 将熟南瓜泥、砂糖等馅的材料混合，拌成糊状。

9 然后过筛。

10 将过筛的馅糊填入塔模内，装至九分满。

11 入炉以150℃的温度烘烤。

12 烤约30分钟，熟透后出炉即可。

制作指导

烘烤时要低温慢烤，馅料过筛会更细滑。

养胃通便：

奶油红薯

所需时间
40 分钟左右

材料 Ingredient

红薯	250 克	兰姆酒	7 克
奶油	25 克	鲜奶	20 克
砂糖	20 克	蛋黄	1 个
蜂蜜	7 克		

做法 Recipe

1 红薯洗净，对半切开。

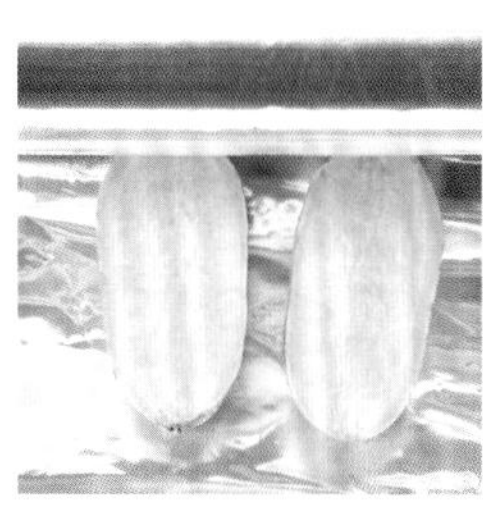

2 用锡箔纸包起。

3 入炉以 170℃炉温烘烤。

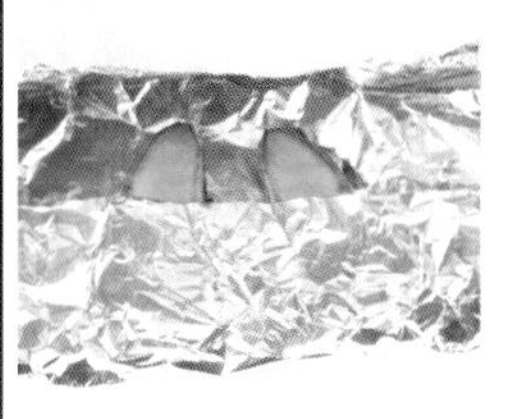

4 烤约 40 分钟至熟透后，出炉。

5 放凉后取出红薯肉，保持皮壳完整。

6 将熟红薯肉与奶油、砂糖、蜂蜜混合，拌成泥糊状。

7 然后加入鲜奶拌匀。

8 最后加入兰姆酒，拌透成奶油红薯馅。

9 将馅料重新填回红薯皮壳内。

10 表面刷上蛋黄液。

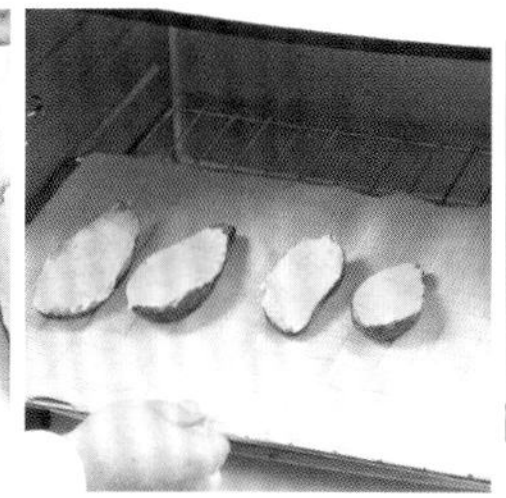

11 入炉以170℃的炉温烘烤。

12 烤约 20 分钟至金黄色后，取出即可。

制作指导

红薯条大小要均匀（每条约 120 克），烤熟后马上将锡箔纸打开，散走水蒸气。

解毒补脾：

香芋派

所需时间
75 分钟左右

材料 Ingredient

A：派皮（每个 80 克）

奶油	225 克	奶香粉	6 克
糖浆	165 克	吉士粉	30 克
蛋黄	5 个	柠檬皮	适量
低筋面粉	555 克		

B：馅

熟香芋	350 克	奶油	30 克
砂糖	50 克	蜂蜜	20 克
奶粉	50 克	熟香芋粒	适量
全蛋	50 克		

做法 Recipe

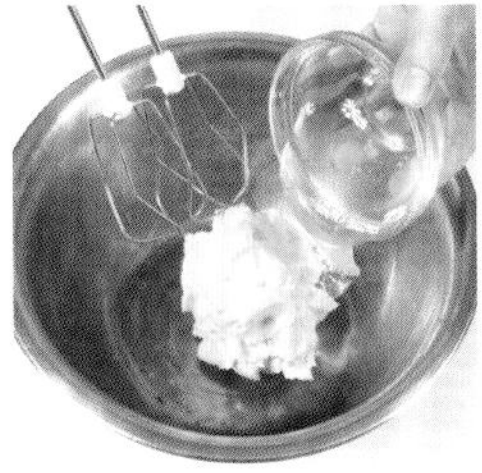

1 把派皮部分的奶油、糖浆混合拌匀。

2 分次加入蛋黄拌透。

3 加入低筋面粉、奶香粉、吉士粉和柠檬皮，拌匀成面团。

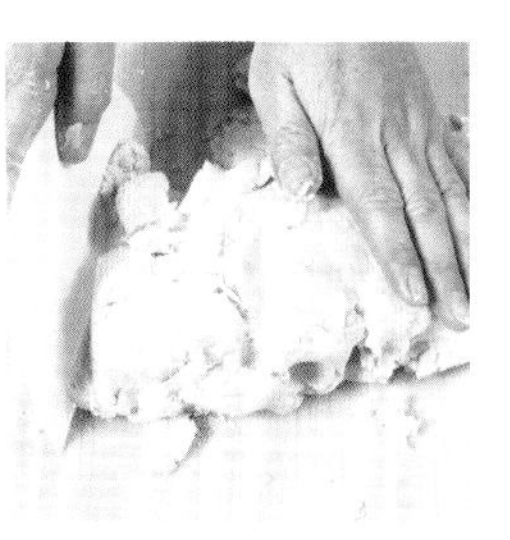

4 将面团倒在案台上，再用手堆叠成纯滑面团。

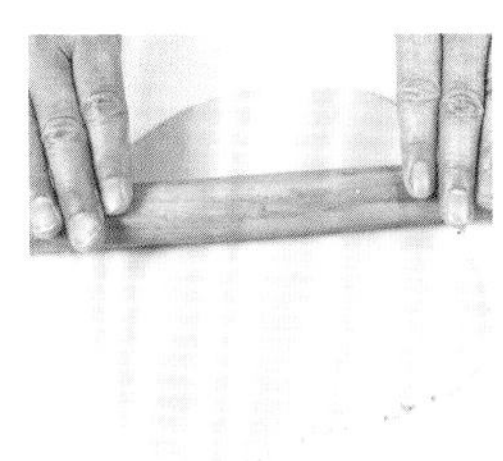

5 将面团擀薄。

6 卷起铺于派模内。

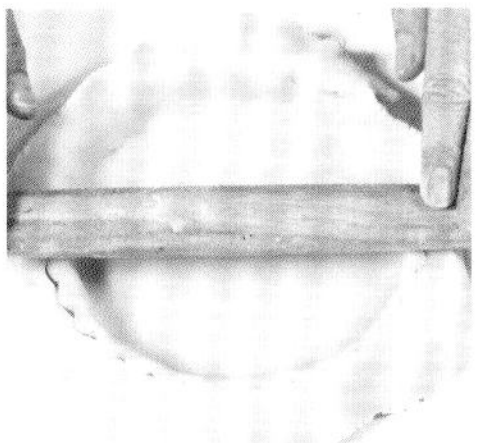

7 再将边压平。

8 用叉在表面扎孔，备用。

9 将馅部分的熟香芋、砂糖、奶油混合压烂。

10 分次加入蜂蜜、全蛋、奶粉，拌匀成馅料。

11 将馅料倒入派模内，抹平。

12 在表面撒上熟香芋粒作装饰。

13 入炉以150℃的炉温烘烤。

14 烤约40分钟至熟透后，出炉脱模即可。

制作指导

香芋要选粉一点的，将其蒸熟或烤熟后要尽快制作。

PART 3 中级

西点入门

经过初级烘焙练习后，独立制作出西点应该不在话下了。那么再来接受中级西点的挑战吧！以下这些西点在制作上较初级西点相对难一些，不过只要多加努力，更美味的西点很快就会诞生在你的手中啦！

香甜可口：

巧克力花生饼

所需时间
50 分钟左右

材料 Ingredient

奶油	63 克	食盐	1 克
糖粉	50 克	低筋面粉	180 克
液态酥油	63 克	黑巧克力	适量
清水	40 克	花生仁碎	适量

制作指导

要在巧克力未凝固前粘上花生仁碎。

做法 Recipe

1 将奶油、糖粉、食盐混合拌匀。

2 分次加入液态酥油和清水，拌至完全均匀。

3 加入低筋面粉，搅拌成面团。

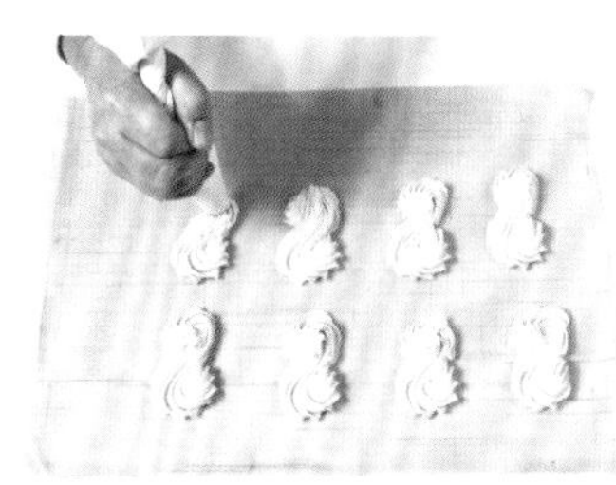

4 将面团装入有花嘴的裱花袋内，然后挤成形。

5 入炉以 150℃的温度烘烤，烤约 30 分钟至浅金黄色熟透后出炉。

6 放凉后淋上黑巧克力浆，再粘上花生仁碎后即可。

小贴士 花生适宜哪些人食用

花生适宜营养不良、食欲不振、咳嗽之人食用；适宜脚气病患者食用；适宜妇女产后乳汁缺少者食用；适宜患有高血压病、高脂血症、冠心病、动脉硬化以及各种出血性疾病患者食用；适宜儿童、青少年及老年人食用，能提高儿童记忆力，有助于老年人滋补保健。

美妙滋味：

空心饼

所需时间
60 分钟左右

材料 Ingredient

清水	125 克	低筋面粉	125 克
鲜奶	125 克	全蛋	200 克
奶油	105 克	罐装黄桃	适量

制作指导

面糊必须煮熟透，烘烤定型前不宜将炉门打开。

做法 Recipe

1 把清水、鲜奶、奶油倒在一起，在电磁炉上边搅拌边加热，至糖完全溶化并沸腾。

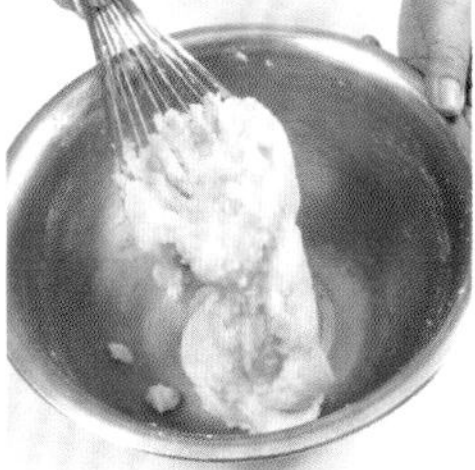

2 加入低筋面粉，快速搅拌至成团且不粘锅。

3 降温至 50 ~ 60℃后，分次加入全蛋，快速搅拌均匀。

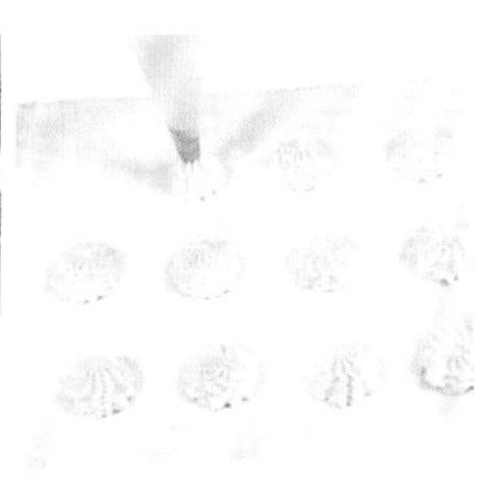

4 待冷却后，装入已放了牙嘴的裱花袋，挤在高温布上，大小均匀。

5 入炉，以 190℃的炉温烘烤。

6 烤 25 ~ 30 分钟，完全熟透后出炉，冷却。

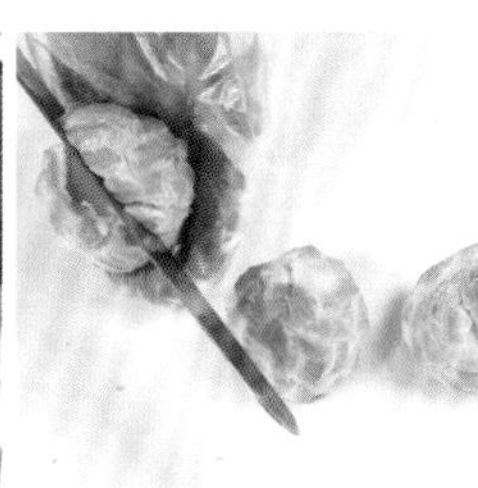

7 把凉透的饼体用锯齿刀从侧面切 2/3 宽。

8 挤入打发的鲜奶油，再放入罐装黄桃装饰即可。

小贴士 如何辨别鲜牛奶

❶看包装：鲜牛奶主要采用袋装、屋顶盒和塑料桶包装，超高温灭菌（UHT）奶主要采用“利乐装”“利乐枕”等。

❷看标识：鲜牛奶包装上在显著位置有“鲜牛奶”字样，并且保质期只有 4 ~ 7 天，超高温灭菌（UHT）奶标识为“纯牛奶”，保质期长达 6 ~ 8 个月。

❸看销售形式：鲜牛奶因为营养价值较高，必须放在冷藏柜中销售，纯牛奶则可以堆放在常温柜中销售。

香酥脆甜：

杏仁粒曲奇

所需时间
60 分钟左右

材料 Ingredient

奶油	120 克	高筋面粉	50 克
糖粉	100 克	杏仁粉	50 克
全蛋	80 克	杏仁粒	适量
低筋面粉	220 克		

做法 Recipe

1 把奶油、糖粉混合，先慢后快，打至奶白色。

2 分次加入全蛋，搅拌均匀。

3 加入低筋面粉、高筋面粉、杏仁粉，拌至无粉粒状。

4 取出放在案台上，折叠成面团。

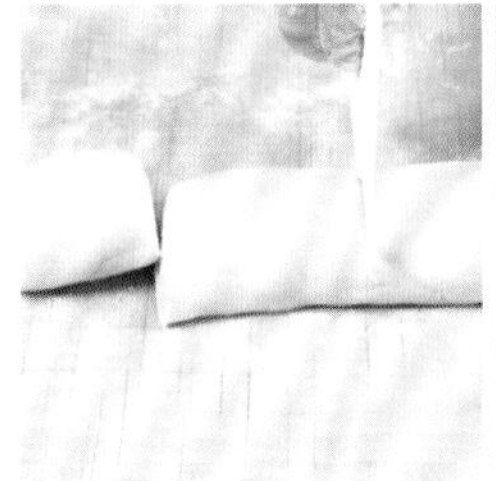

5 分切成相等的三份，搓成长条状。

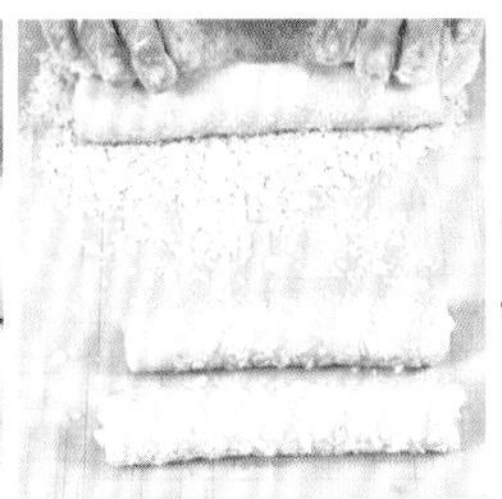

6 分别在表面扫少许清水并粘上杏仁粒，排入托盘，放入冰箱冷冻。

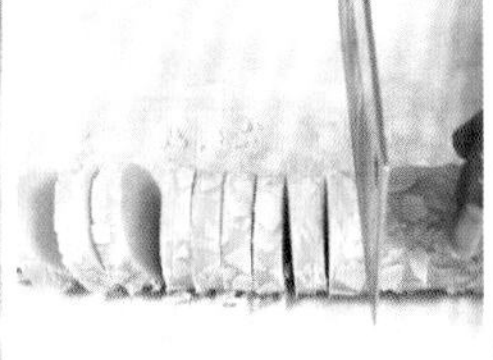

7 冻硬后取出，放在菜板上，切成厚薄均匀的饼片。

8 排入烤盘。

9 入炉，以 150 ℃ 的炉温烘烤。

10 烤约 30 分钟，至完全熟透后出炉，冷却即可。

制作指导

可把杏仁片打成粉加入，烤至浅黄色即可，颜色不要太深。

小贴士 曲奇的名词解释

曲奇，来源于英语 COOKIE，是由香港传入的粤语译音，曲奇饼在美国与加拿大被解释为细少而扁平的蛋糕式的饼干，而英语的 COOKIE 是由德文 KOEKJE 来的，意为“细少的蛋糕”。第一次制造的曲奇是由数片细少的蛋糕组合而成，据考证，是由伊朗人发明的。

香甜酥脆：

姜酥

所需时间
75 分钟左右

材料 Ingredient

奶油	100 克	全蛋	13 克
砂糖	100 克	低筋面粉	160 克
泡打粉	2 克	苏姜	40 克
臭粉	1 克	花生仁碎	35 克

做法 Recipe

1 把奶油、砂糖倒在一起，用胶刮混合拌匀。

2 分次加入全蛋，搅拌均匀。

3 加入泡打粉、臭粉、低筋面粉、苏姜、花生仁碎，完全拌均匀。

4 取出，在工作台上折叠搓成长条状。

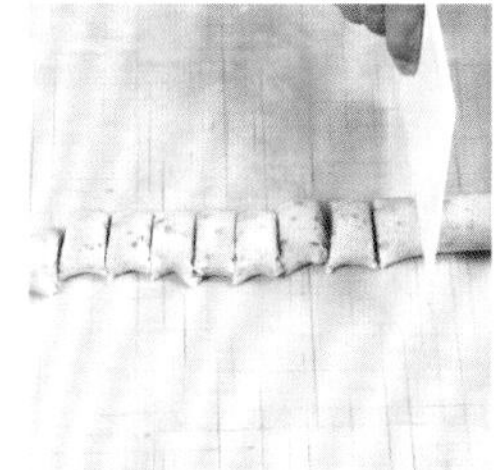

4 取出，在工作台上折叠搓成长条状。

6 摆入烤盘，用手轻压一下，放于常温下静置 30 分钟。

7 入炉，以 150 ℃ 的炉温烘烤。

8 烤约 30 分钟，至完全熟透后出炉，冷却即可。

制作指导

饼坯完成后要稍松弛，否则成品会不够酥脆。

提高记忆力：

桃酥

材料 Ingredient

黄奶油	65 克	全蛋	30 克
白奶油	60 克	清水	30 克
砂糖	170 克	低筋面粉	250 克
小苏打	3 克	核桃仁	适量
泡打粉	5 克	蛋黄液	50 克
臭粉	3 克		

制作指导

饼坯制作完成后，最好静置松弛一会，烘烤时饼身才均匀。

做法 Recipe

1 把黄奶油、白奶油、砂糖倒在一起，先慢后快，搅拌均匀。

2 分次加全蛋、清水，搅拌均匀至无液体状。

3 加入小苏打、泡打粉、臭粉、低筋面粉，先慢后快，拌至无粉粒状。

4 取出，在案台上折叠均匀，搓成长条。

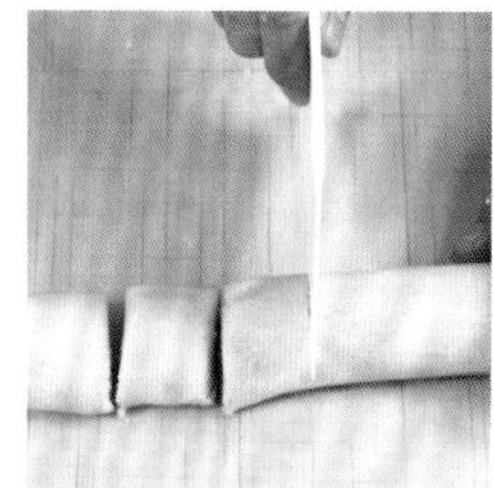

5 分切成小份，排入烤盘，用手稍压扁，用手指在中间压一个洞。

6 常温下静置 30 分钟后，在表面刷上蛋黄液。

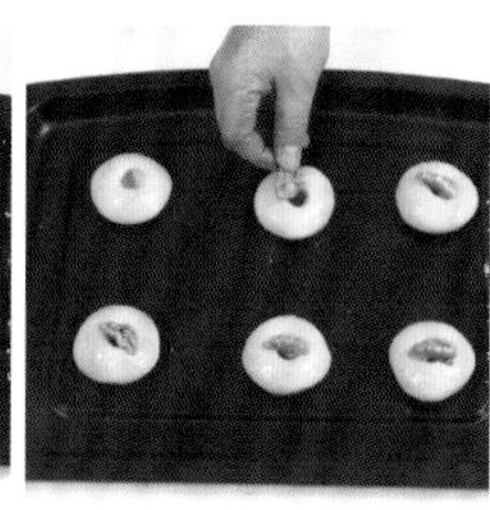

7 放上核桃仁装饰，入炉，以 140℃ 的炉温烘烤。

8 烤约 30 分钟，至完全熟透后出炉，冷却即可。

小贴士 泡打粉是什么

泡打粉是一种复合疏松剂，又被称为“发泡粉”“发酵粉”，主要用作面制食品的快速疏松剂，在制作蛋糕、发糕、包子、馒头、酥饼、面包等食品时使用。

香滑可口：

莲蓉甘露酥

所需时间
60 分钟左右

材料 Ingredient

奶油	63 克	全蛋	25 克
砂糖	75 克	低筋面粉	135 克
小苏打	1 克	白莲蓉	适量
泡打粉	2 克	蛋黄液	50 克
臭粉	1 克		

制作指导

饼坯完成后要松弛半小时再刷蛋液，这样烤出来才松酥。

做法 Recipe

1 把奶油、砂糖倒在一起，先慢后快，打至奶白色。

2 分次加入全蛋，拌均匀。

3 加入小苏打、泡打粉、臭粉、低筋面粉，完全拌匀至无粉粒状。

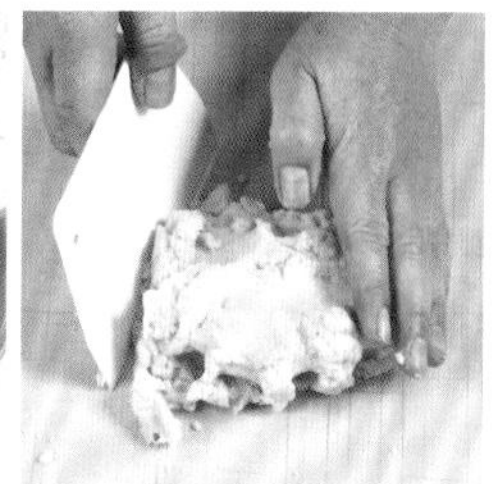

4 取出折叠，搓成长条状，分切成均匀的小份。

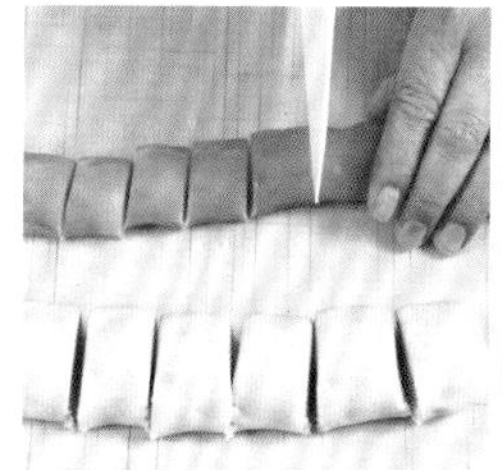

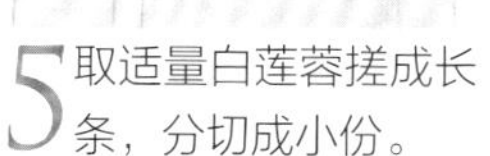

5 取适量白莲蓉搓成长条，分切成小份。

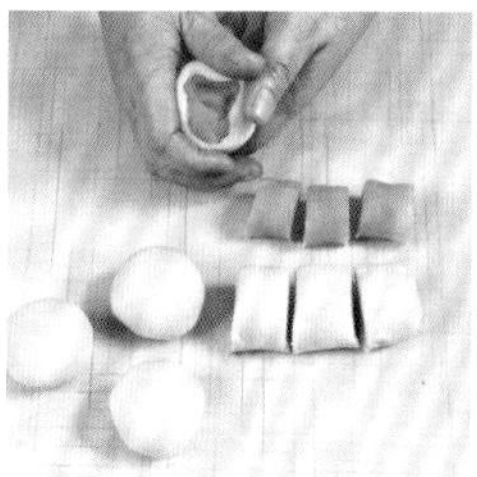

6 把莲蓉馅包入面团后揉成圆形，排入烤盘，静置半小时以上。

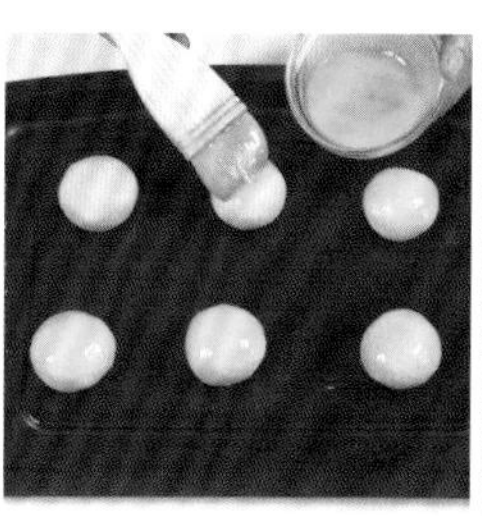

7 刷上蛋黄液，入炉，以150℃的温度烘烤。

8 烤约 30 分钟，至完全熟透后出炉，冷却即可。

小贴士 奶油的用途

将动物性奶油用于西式料理，可以起到提味、增香的作用，还能让点心变得更加松脆可口。由于人们对健康的重视程度越来越高，目前植物性奶油以不含胆固醇且口味与动物性奶油相近等优点，成为奶油消费中的主导，在多数情况下取代了动物性奶油。鲜奶油的用途则更为广泛，可以用于制作冰淇淋、装饰蛋糕、烹饪浓汤以及冲泡咖啡和茶等。

香甜可口：

鸳鸯包心酥

所需时间
55 分钟左右

材料 Ingredient

奶油	150 克	奶香粉	4 克
糖浆	110 克	吉士粉	20 克
蛋黄	3 个	白莲蓉	适量
低筋面粉	370 克	红莲蓉	适量

做法 Recipe

1 把奶油、糖浆倒在一起，完全拌匀。

2 分次加入蛋黄，拌均匀。

3 加入低筋面粉、奶香粉、吉士粉，完全拌匀至无粉粒状。

4 将拌好的面团倒在案台上，再堆叠至纯滑。

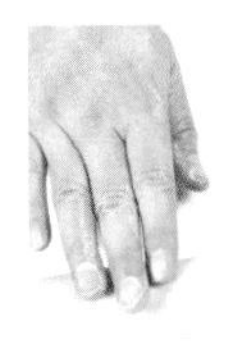

5 将面团搓成长条状，备用。

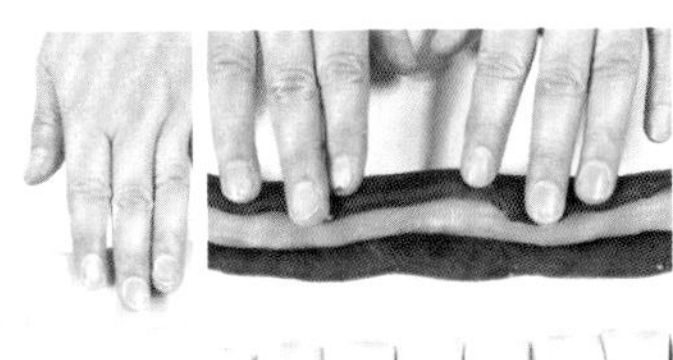

6 将两种不同颜色的馅料搓成长条，然后卷起。

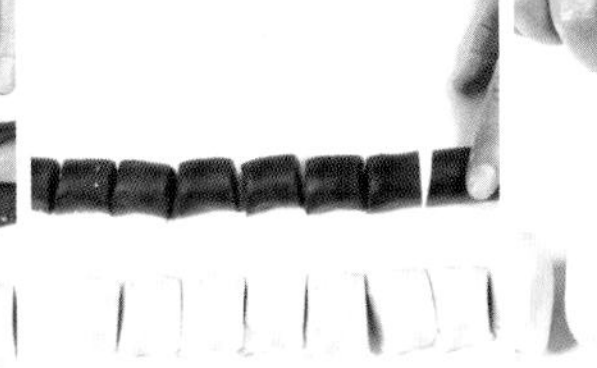

7 将皮与馅分切成 2 ：3 的大小（即皮 20 克、馅 30 克）。

8 将皮压薄，把馅包入中间，然后收口。

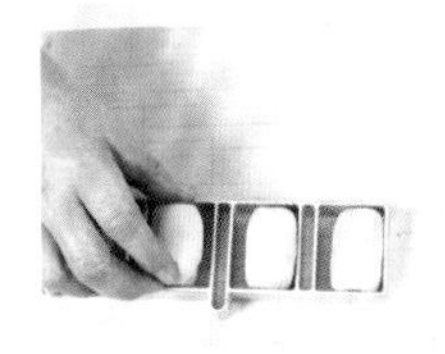

9 把包好馅的饼坯放入模内。

10 压平实，带模一齐入炉，以 150℃的温度烘烤至金黄色即可。

制作指导

制好的饼坯放入模内时，一定要压平实，以免烘烤脱模后外形不美观。

小贴士 怎样保存奶油最好

奶油的保存方法并不简单，绝不是随意放入冰箱中就可以的。最好先用纸将奶油仔细包好，然后放入奶油盒或密封盒中保存，这样奶油才不会因水分散发而变硬，也不会沾染冰箱中其他食物的味道。无论何种奶油，放在冰箱中以 2 ～ 4℃冷藏都可以保存 6 ～ 18 个月。若是放在冷冻库中，则可以保存得更久，但缺点是使用时要提前拿出来解冻。

养心安神：

红豆包心酥

所需时间
55 分钟左右

材料 Ingredient

奶油	150 克	奶香粉	4 克
糖浆	110 克	吉士粉	20 克
蛋黄	3 个	红蜜豆	适量
低筋面粉	370 克		

做法 Recipe

1 把奶油、糖浆倒在一起，完全拌匀。

2 分次加入蛋黄，拌均匀。

3 加入低筋面粉、奶香粉、吉士粉，完全拌匀至无粉粒状。

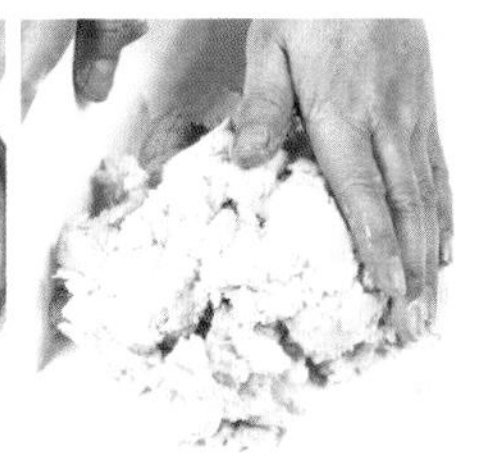

4 将拌好的面团倒在案台上，再折叠至纯滑。

5 将面团搓成长条状，备用。

6 把红蜜豆压烂，搓成长条状，再把皮和馅分切成 2 ：3 的大小（皮 20 克，馅 30 克）。

7 将皮压薄，把馅包入中间，收口。

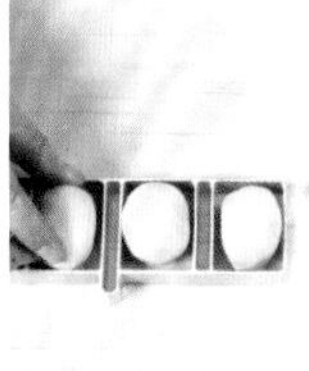

8 把包好的饼坯放到模具内。

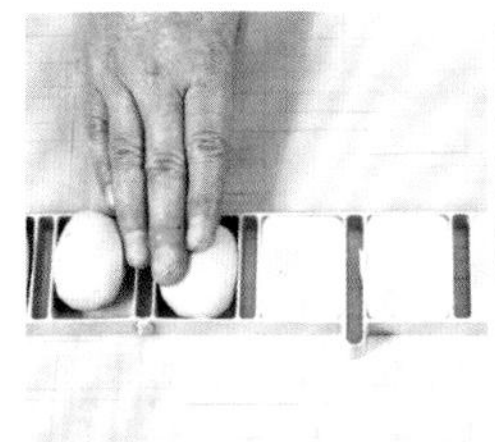

9 压平实，连模具一同入炉以 150℃ 的炉温烘烤。

10 烤约 30 分钟，至金黄色熟透后出炉，冷透后脱模即可。

制作指导

红豆馅较松散，搓条状时可用手压、捏的方法。

小贴士 奶油的选购

优质奶油呈淡黄色，具有特殊的芳香，放入口中能融化，无粗糙感，包装开封口仍保持原形，没有油外溢，表面光滑。如果变形，且油外溢，有表面不平、偏斜和周围凹陷等情况，则为劣质奶油。

极具诱惑力：

蓝莓酱酥

材料 Ingredient

清水	200 克	中筋面粉	438 克
砂糖	38 克	片状起酥油	250 克
全蛋	1 个	蓝莓酱	适量
奶油	45 克	蛋黄液	适量

做法 Recipe

1 将砂糖、中筋面粉、奶油倒入搅拌桶内，加入全蛋和清水。

2 拌打至纯滑。

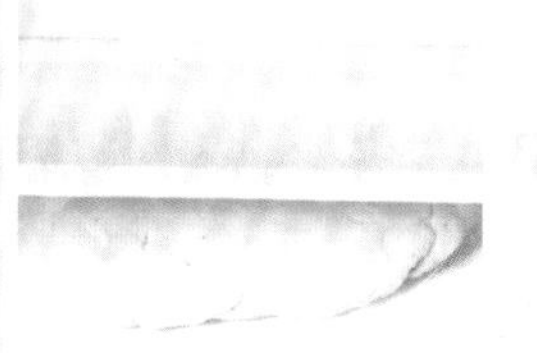

3 取出面团后，用保鲜膜包起。

4 静置松弛30分钟。

5 将松弛好的面团用擀面杖压薄擀开。

6 然后将片状起酥油包入。

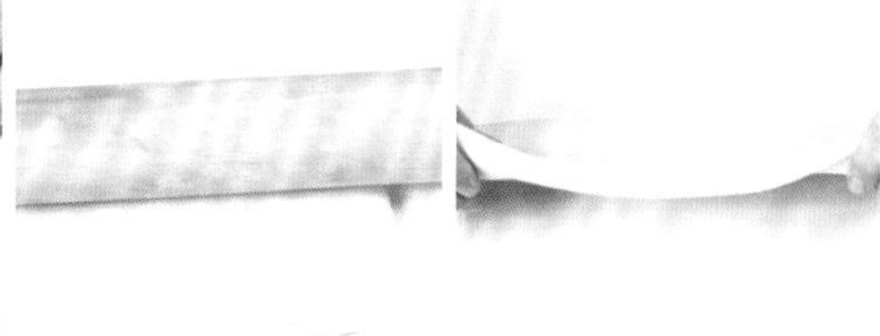

7 将油皮擀成长方形薄皮。

8 两头向中间折起成四折层状，然后放入冰箱静置松弛1小时。

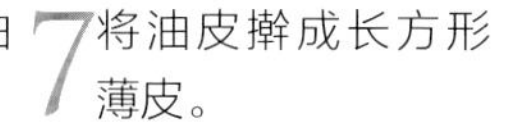

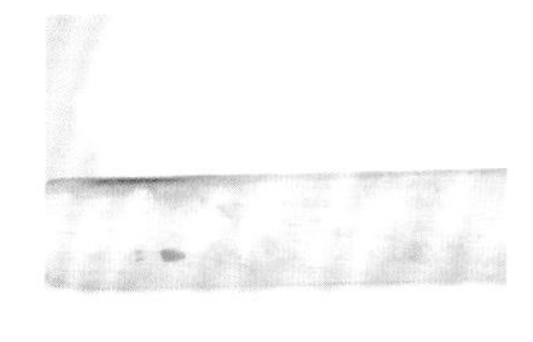

9 再重复步骤7、8两次后，将其擀成约3毫米厚。

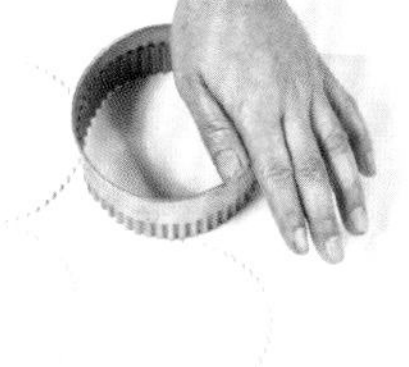

10 用切模压出酥皮。

11 将其中一份酥皮排于烤盘内，将另一份酥皮在中间再用切模压出一圆孔。

12 底皮刷上蛋黄液，表面盖上一块圆孔酥皮。

13 松弛30分钟后刷上蛋黄液，入炉以150℃的炉温烘烤。

14 烤约40分钟，至金黄色熟透后出炉，凉后加入蓝莓酱即可。

制作指导

用印模压出形状时，面片必须先松弛，不然压出后易变形。每折叠一次必须放入冰箱松弛1小时，共重复3次。

唇齿留香：

椰皇酥

材料 Ingredient

A：酥皮

清水	200 克
砂糖	38 克
全蛋	1 个
中筋面粉	438 克
奶油	45 克
片状起酥油	250 克

B：椰丝馅

椰蓉	185 克
砂糖	150 克
低筋面粉	55 克
吉士粉	10 克
奶油	50 克
全蛋	1 个
清水	适量

制作指导

馅料难熟透，一定要焖透再出炉。

做法 Recipe

1 把酥皮部分的砂糖、中筋面粉、奶油倒在一起，边中速搅拌边慢慢加入全蛋、清水，拌匀至无干粉。

2 转快速，打至面团不粘桶，取出用保鲜膜封好，入冰箱冷藏，松弛半小时。

3 取出擀开成长方形的面片。

4 在1/2的位置放上片状起酥油，另一半叠起，捏紧收中。

5 擀成长方形的面片，两端向中间对叠，再折叠一次成四层，用保鲜膜包好入冰箱冷藏1小时。

6 取出重复步骤5两次，取出擀成方形的面片。

7 分切成两条长方形面片，一条宽9厘米，另一条宽12厘米，备用。

8 把椰丝馅部分的椰蓉、砂糖、低筋面粉、吉士粉、奶油倒在打蛋桶内搅拌，加入全蛋、清水调节软硬度。

9 完全拌匀，手抓成团，制成馅料。

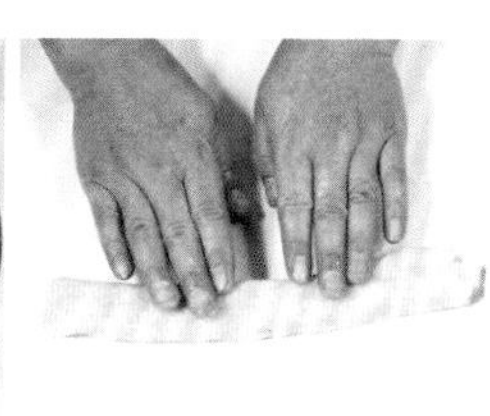

10 把馅料搓成均匀的长条状，放在宽9厘米的面片上。

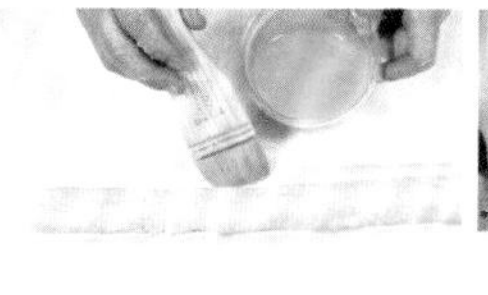

11 在面片的两边刷上蛋黄液，盖上宽12厘米的面片。

12 两边压整齐，再利用尺子压紧，使其黏合在一起。

13 分切成5厘米长的小份，再在每小份的表面划两刀。

14 摆入烤盘，常温下静置30分钟以上。

15 在表面均匀刷2次蛋黄液，以170℃的炉温烘烤。

16 烤至表面着色后，降至140℃，共烤约40分钟，至完全熟透后出炉冷却即可。

酸甜可口：

菠萝酥

材料 Ingredient

清水	200 克	中筋面粉	438 克
全蛋	1 个	片状起酥油	250 克
奶油	45 克	菠萝馅	适量
砂糖	38 克		

制作指导

扫蛋液时，切口处不要扫，以免烘烤过程中粘在一起，影响层次感。共折叠 3 次，每折叠一次必须入冰箱松弛 1 小时。

做法 Recipe

1 将砂糖、中筋面粉、奶油倒入搅拌桶内，再加入全蛋和清水。

2 面团拌打至纯滑。

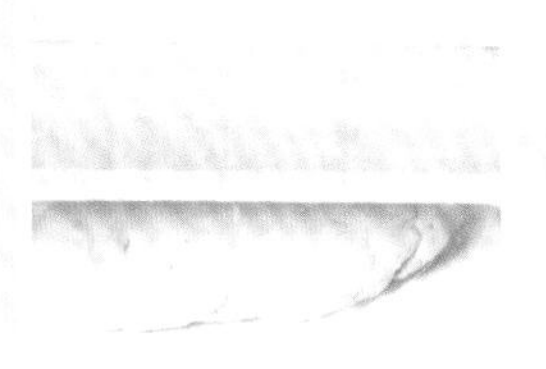

3 面团取出后，用保鲜膜包起。

4 静置松弛 30 分钟。

5 将松弛好的面团压薄擀开。

6 然后将片状起酥油包入。

7 将油皮擀成长方形薄皮。

8 两头向中间折起成四折层状，然后放入冰箱静置松弛 1 小时。

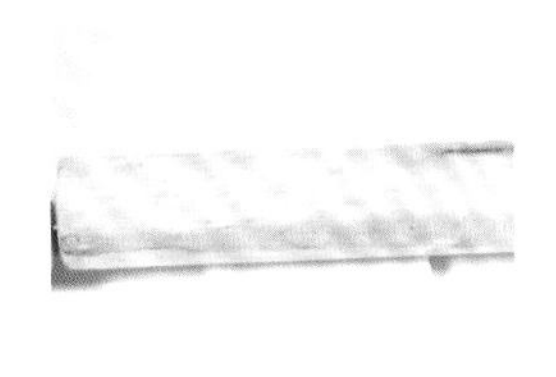

9 重复步骤 7、8 两次后，将油皮擀薄成约 3 毫米厚。

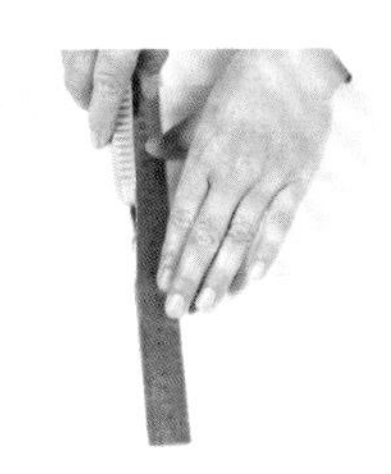

10 分切成 10 厘米 ×10 厘米的正方形。

11 对角呈三角形在边缘处各切一刀。

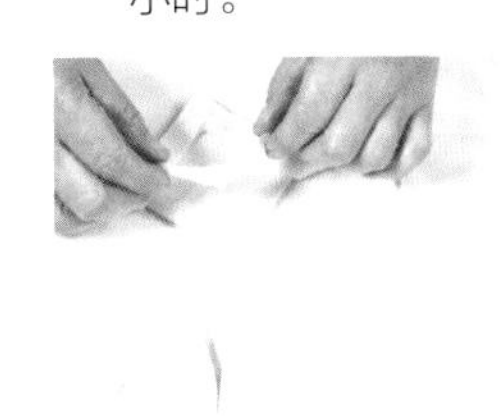

12 打开切处对角重叠，成形。

13 排入烤盘，静置 30 分钟以上。

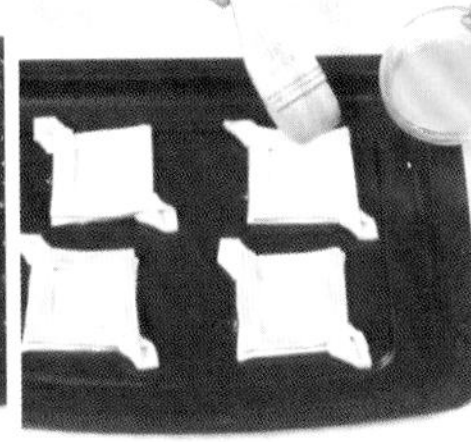

14 在表面扫上蛋黄液，以 150℃的炉温入炉烘烤。

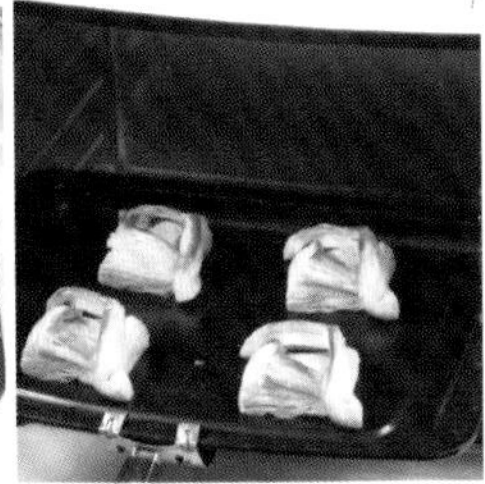

15 烤约 40 分钟至金黄色，熟透后出炉。

16 挤入菠萝馅装饰即可。

色味俱佳：

风车酥

所需时间
6 小时左右

材料 Ingredient

清水	200 克	中筋面粉	438 克
全蛋	1 个	片状起酥油	250 克
奶油	45 克	莲蓉馅	适量
砂糖	38 克		

制作指导

摆入烤盘时，没折的四个角尽量不要折，以免烘烤加热时膨胀不起来。每折叠一次必须入冰箱松弛 1 小时，共折叠 3 次。

做法 Recipe

1 将砂糖、中筋面粉、奶油倒入搅拌桶内，再加入全蛋和清水。

2 面团拌打至纯滑。

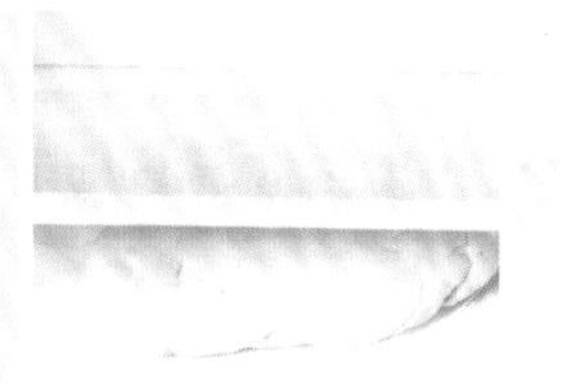

3 面团取出后，用保鲜膜包起。

4 静置松弛 30 分钟。

5 将松弛好的面团压薄擀开。

6 然后将片状起酥油包入。

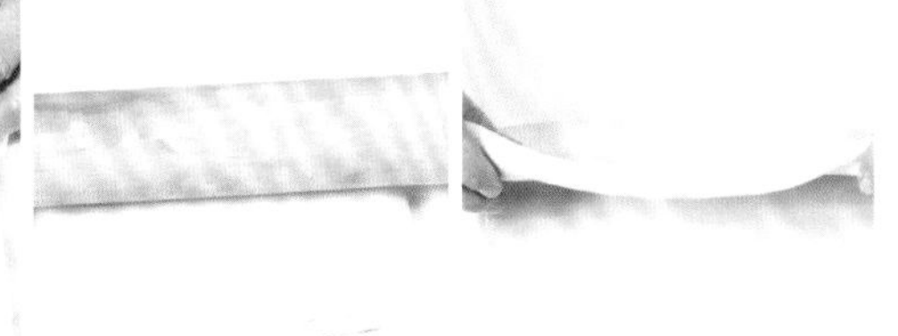

7 将油皮擀成长方形薄皮。

8 两头向中间折起成四折层状，然后放入冰箱静置松弛 1 小时。

9 重复步骤 7、8 两次后，再将其擀薄成约 3 毫米厚。

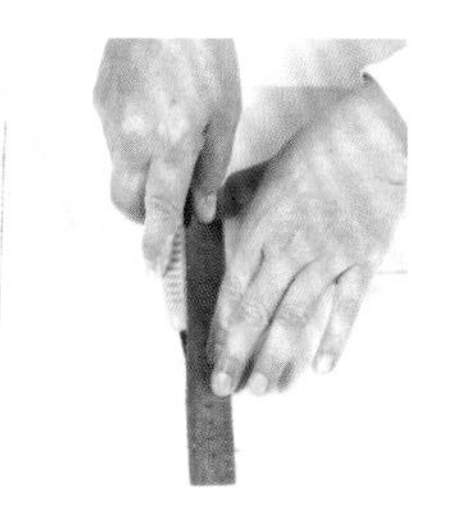

10 分切成 10 厘米 ×10 厘米的正方形。

11 折起对角，四角各切开 1/3 刀。

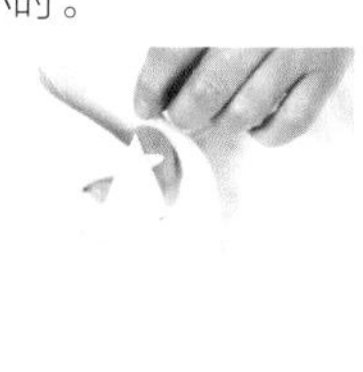

12 打开后，中间加入莲蓉馅，四角各折至中间一半。

13 排入烤盘，静置 30 分钟以上。

14 扫上蛋黄液。

15 以 150℃的炉温入炉烘烤。

16 烤约 40 分钟至金黄色，熟透后出炉冷却即可。

养胃生津：

苹果派

所需时间
60 分钟左右

材料 Ingredient

A：派皮

奶油	225 克	奶香粉	6 克
糖浆	165 克	吉士粉	30 克
蛋黄	5 个	柠檬皮	适量
低筋面粉	555 克		

B：苹果馅

清水	150 克	奶油	20 克
奶粉	30 克	苹果粒	200 克
粟粉	30 克	香酥粒	120 克
砂糖	50 克		

1 将派皮部分的奶油、糖浆混合拌匀。

2 分次加入蛋黄拌透。

3 加入低筋面粉、奶香粉、吉士粉和柠檬皮，拌匀成面团。

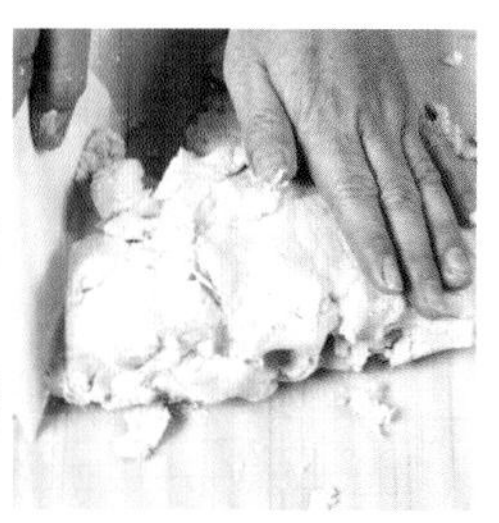

4 将面团倒在案台上，再用手堆叠成纯滑面团。

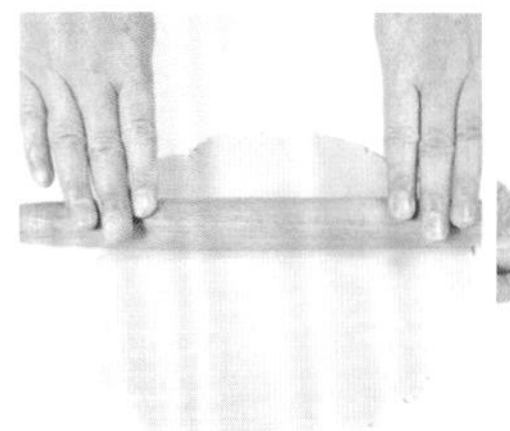

5 将面团擀薄。

6 卷起铺在派模内。

7 压平边皮。

8 用叉扎孔后备用。

9 将苹果馅部分除香酥粒外的所有材料混合煮熟。

10 将煮好的馅料倒入派模内。

11 然后在表面撒上香酥粒。

12 入炉以150℃温度烘烤，约40分钟至熟透后出炉脱模即可。

制作指导

将苹果切粒后最好放在淡盐水中浸泡一会儿，以防变黑。

益肾填精：

板栗派

所需时间
60 分钟左右

材料 Ingredient

A: 派皮

奶油	225 克	奶香粉	6 克
糖浆	165 克	吉士粉	30 克
蛋黄	5 个	柠檬皮	适量
低筋面粉	555 克		

B: 板栗馅

鲜奶	100 克
即溶吉士粉	35 克
全蛋	1 个
玉米淀粉	40 克
熟板栗肉粒	200 克

1 把派皮部分的奶油、糖浆倒在一起，先慢后快，完全拌匀，分次加入蛋黄拌匀。

2 加入低筋面粉、奶香粉、吉士粉、柠檬皮，拌匀至无粉粒状。

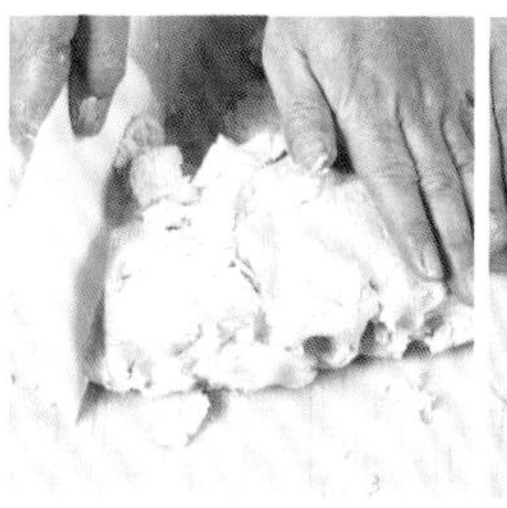

3 取出，放在案台上，折叠成面团。

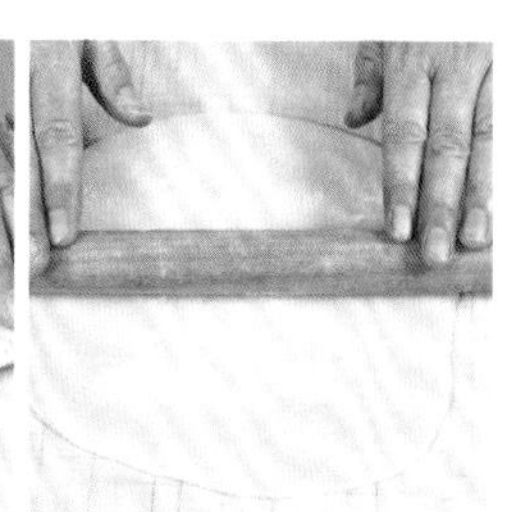

4 取出 1/4 擀成圆片状。

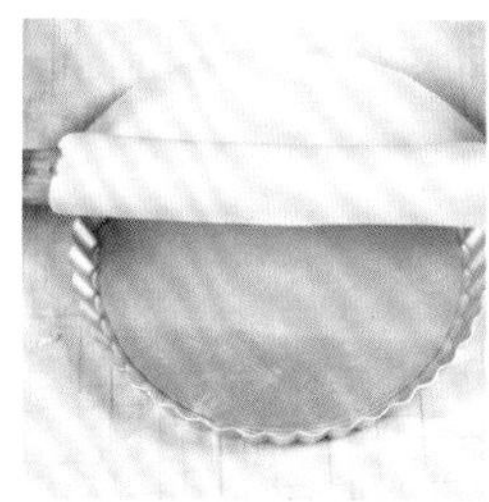

5 用擀面杖把面片卷起，放在派模上。

6 用手把周边压到位，把多余的面皮去除。

7 放入烤盘，在派模内用刀叉扎出孔，备用。

8 把板栗馅部分的鲜奶、即溶吉士粉倒在一起，完全拌匀。

9 加入全蛋拌匀，再加玉米淀粉拌匀至无粉粒状。

10 加入熟板栗粒，拌匀。

11 倒入派模内，装十分满，抹平。

12 入炉，以 150℃的炉温烘烤约 40 分钟，至熟透后出炉，脱模即可。

制作指导

板栗肉要预先蒸熟。

健脾开胃：

红薯派

所需时间
60 分钟左右

材料 Ingredient

A：派皮

奶油	225 克	奶香粉	6 克
糖浆	165 克	吉士粉	30 克
蛋黄	5 个	柠檬皮	适量
低筋面粉	555 克		

B：馅

熟红薯	175 克	全蛋	40 克
奶油	10 克	鲜奶油	60 克
红糖	25 克	兰姆酒	10 克
蜂蜜	10 克		

1 把派皮部分的奶油、糖浆混合拌匀。

2 分次加入蛋黄，拌至完全透彻。

3 加入低筋面粉、奶香粉、吉士粉、柠檬皮，拌匀成面团。

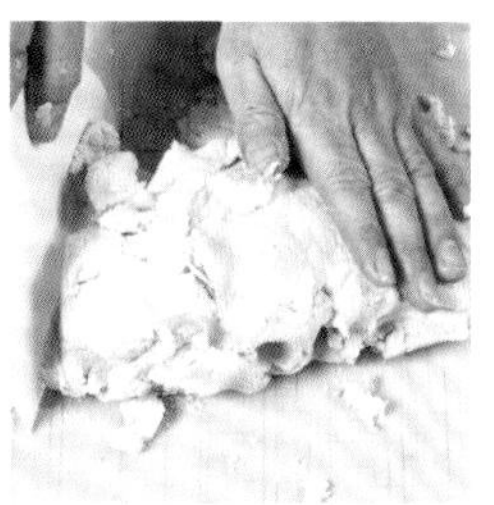

4 将面团倒在案台上，搓揉至表面光滑。

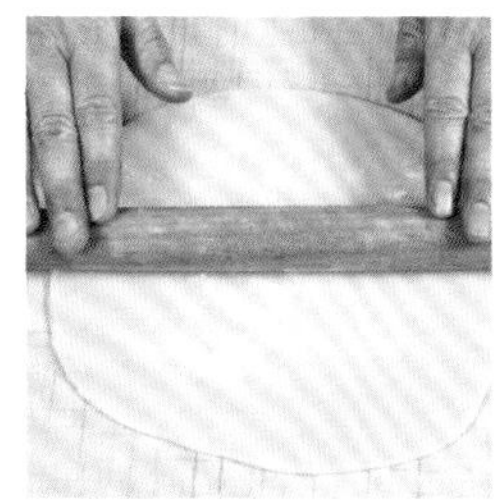

5 将面团擀成圆形薄片。

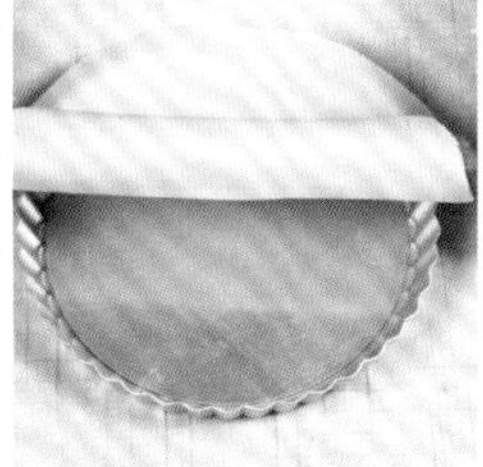

6 卷起铺于派模内。

7 再用擀面杖压平模边。

8 用叉子扎孔后，备用。

9 将馅部分的所有材料先后加入容器中，拌匀至糊状。

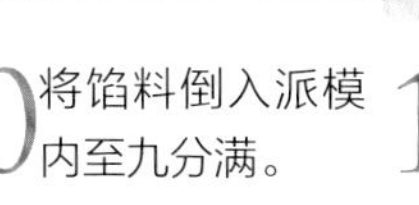

10 将馅料倒入派模内至九分满。

11 入炉以150℃的炉温烘烤。

12 烤约40分钟至熟透后，出炉脱模即可。

制作指导

最好选择淀粉较多的红薯，这种红薯蒸熟后要尽快制作。

香甜营养：

乡村水果派

所需时间
60 分钟左右

材料 Ingredient

A：派皮

奶油	225 克	奶香粉	6 克
糖浆	165 克	吉士粉	30 克
蛋黄	5 个	柠檬皮	适量
低筋面粉	555 克		

B：馅

全蛋	125 克	蛋糕油	8 克
砂糖	75 克	奶油	30 克
中筋面粉	75 克	杂果肉	适量
粟粉	20 克	食盐	适量
泡打粉	1 克		

1 把派皮部分的奶油、糖浆混合拌匀，打发。

2 分次加入蛋黄拌匀，再加入低筋面粉、奶香粉、吉士粉、柠檬皮拌匀，直至无粉粒状。

3 放在案台上，堆叠成面团。

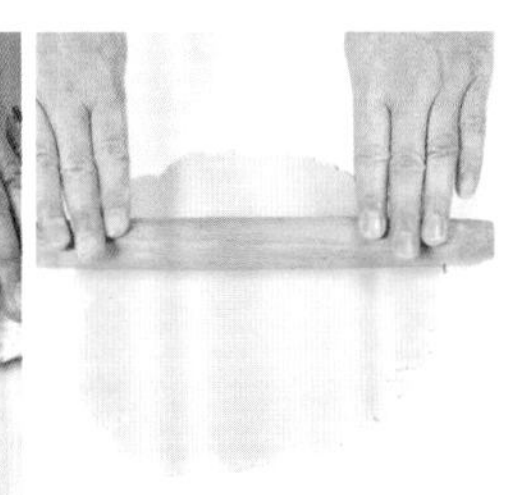

4 取出 1/4 面团，擀成圆形薄片。

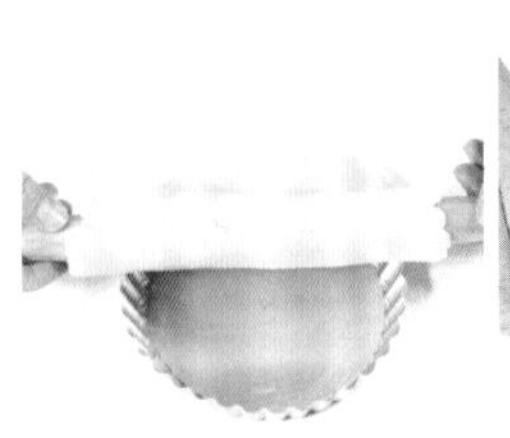

5 用擀面杖把面片卷起，放在派模表面。

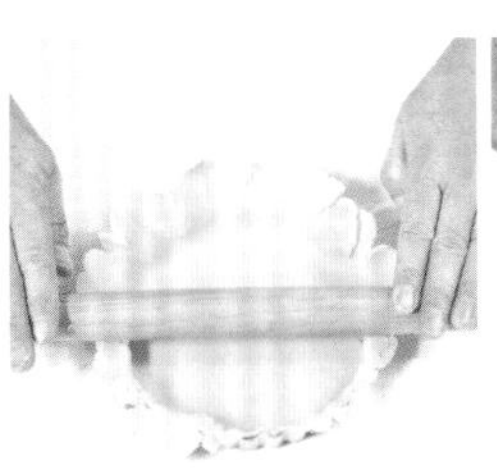

6 用手把周边的派皮压于派模内，把多余的面片去掉。

7 用叉子在派模内扎出孔，备用。

8 把馅部分的全蛋、砂糖、食盐倒在一起，以中速打至砂糖完全溶化。

9 加入中筋面粉、粟粉、泡打粉、蛋糕油，先慢后快，打至原体积的 2 倍。

10 分别加入奶油、杂果肉拌匀。

11 将馅料倒入派模内，抹均匀。

12 入炉，以 150℃的炉温烘烤约 40 分钟，出炉脱模即可。

制作指导

搅拌馅料部分时不能过于起发，否则容易塌。

香甜诱人：

绿茶红豆派

所需时间
60 分钟左右

材料 Ingredient

A：派皮

奶油	225克	奶香粉	6克
糖浆	165克	吉士粉	30克
蛋黄	5个	柠檬皮	适量
低筋面粉	555克		

B：馅

全蛋	100克	绿茶粉	10克
砂糖	50克	蛋糕油	7克
食盐	2克	红蜜豆	适量
低筋面粉	80克		

1 把派皮部分的奶油、糖浆混合拌匀，打发。

2 分次加入蛋黄拌匀，再加入低筋面粉、奶香粉、吉士粉、柠檬皮拌匀，直至无粉粒状。

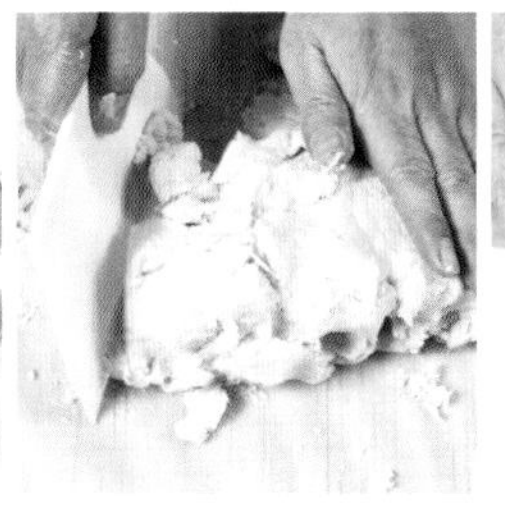

3 放在案台上，堆叠成面团。

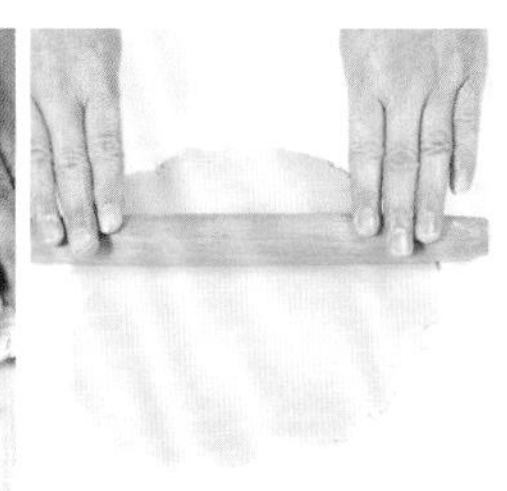

4 取出1/4面团，擀成厚薄均匀的圆面片。

5 用擀面棍把面片卷起，放在派模表面。

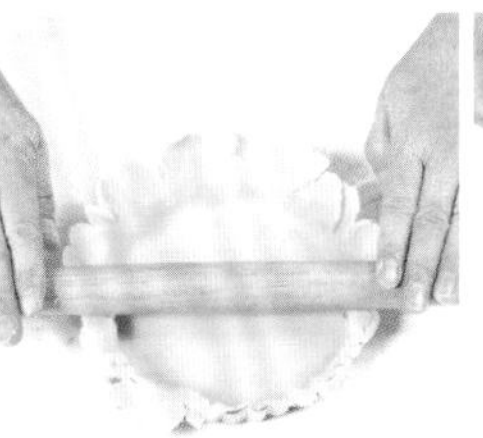

6 用手把周边的派皮压于派模内，把多余的面片去掉。

7 用叉子在派模内扎出孔，备用。

8 把馅部分的全蛋、砂糖、食盐倒在一起，以中速打至砂糖完全溶化。

9 加入低筋面粉、绿茶粉、蛋糕油，先慢后快，打至原体积的2倍。

10 加入红蜜豆拌匀。

11 把馅料倒入派模内至九分满，抹均匀，在表面撒上红豆装饰。

12 入炉，以150℃的炉温烘烤，烤约40分钟至熟透后，出炉脱模即可。

制作指导

烘烤时要控制好炉温，表面的红蜜豆不宜被烘得太干。

清热化痰：

柠檬派

所需时间
60 分钟左右

材料 Ingredient

A：派皮（每个80克）

奶油	225克	奶香粉	6克
糖浆	165克	吉士粉	30克
蛋黄	5个	柠檬皮	适量
低筋面粉	555克		

B：馅

清水	200克	蛋黄	40克
砂糖	110克	蛋清	60克
玉米淀粉	30克	柠檬皮	适量
奶粉	20克	柠檬汁	适量

做法 Recipe

1 把派皮部分的奶油、糖浆混合拌匀。

2 分次加入蛋黄，拌至透彻。

3 加入低筋面粉、奶香粉、吉士粉和柠檬皮，拌匀成面团。

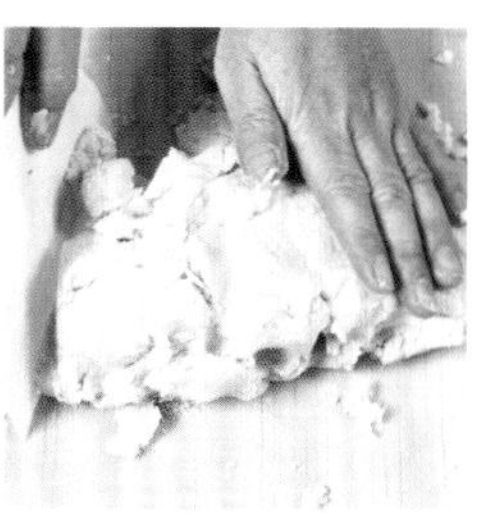

4 将面团倒在案台上，用手搓揉至表面光滑。

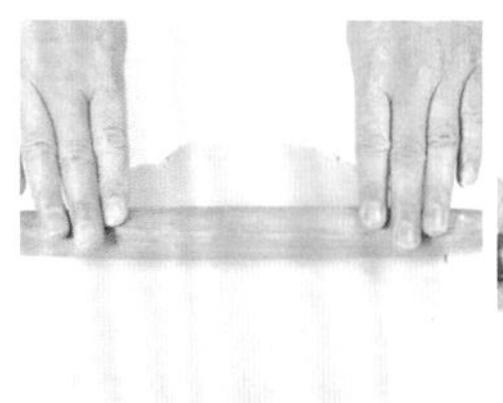

5 将面团擀成圆形薄片。

6 卷起铺于派模内。

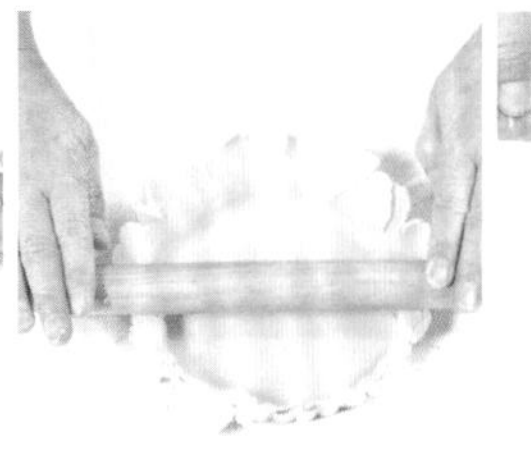

7 再用擀面杖将边缘压平。

8 用叉子在表面扎孔，备用。

9 入炉以150℃的炉温烤至熟透，出炉备用。

10 将馅部分材料中的清水、砂糖、玉米淀粉、奶粉混合，加热煮熟。

11 加入蛋黄、柠檬皮、柠檬汁拌匀。

12 倒入预先准备的派模内。

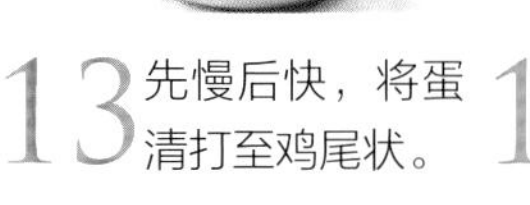

13 先慢后快，将蛋清打至鸡尾状。

14 用裱花袋装上打好的蛋清并以点饰装饰表面，再用火枪着色即可。

制作指导

用印模压出形状时，面片必须先松弛，不然压出后易变形。每折叠一次必须入冰箱松弛1小时，共3次。

香醇滑软：

无花果杏仁派

所需时间
60 分钟左右

材料 Ingredient

A：派皮

奶油	225克	奶香粉	6克
糖浆	165克	吉士粉	30克
蛋黄	5个	柠檬皮	适量
低筋面粉	555克		

B：馅

奶油	100克	低筋面粉	40克
砂糖	50克	无花果	90克
全蛋	50克	清水	70克
杏仁粉	80克	啤酒	100克

做法 Recipe

1 把派皮部分的奶油、糖浆混合拌匀。

2 分次加入蛋黄拌匀。

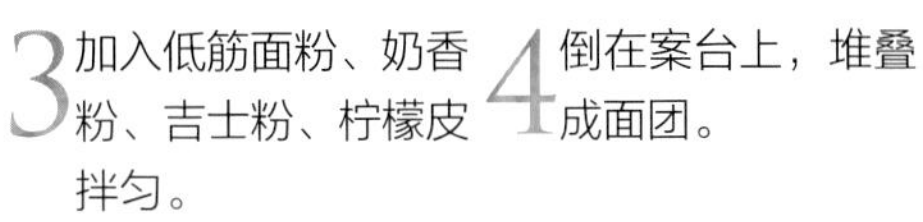

3 加入低筋面粉、奶香粉、吉士粉、柠檬皮拌匀。

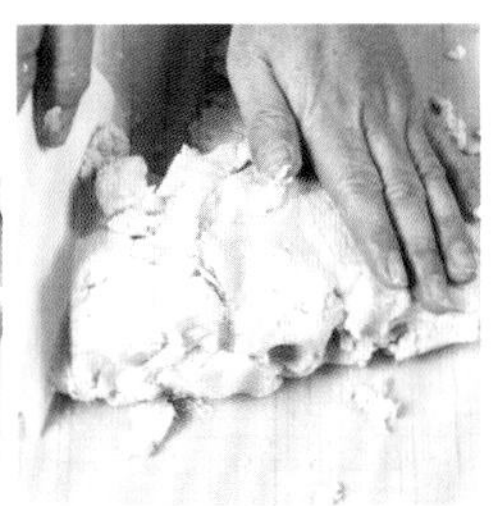

4 倒在案台上，堆叠成面团。

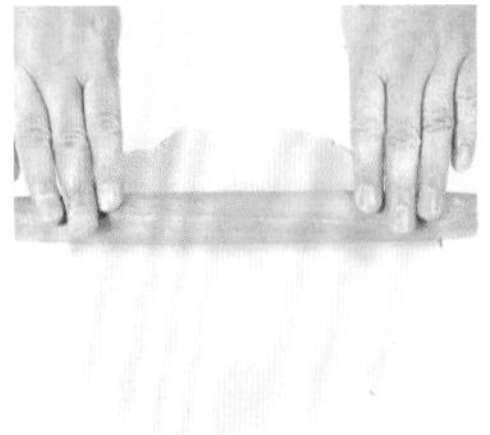

5 将面团用擀面杖压薄。

6 然后卷起铺于派模内，擀去多余的面片，用叉子扎孔，备用。

7 将馅部分的无花果、清水、啤酒倒入锅内，用慢火煮干水分，备用。

8 把奶油、砂糖混合拌匀。

9 分次加入全蛋拌匀。

10 加入杏仁粉、低筋面粉，完全拌匀。

11 倒入备好的派模内。

12 在派模表面放上一层煮制好的无花果片。

13 以150℃的炉温烘烤。

14 烤约40分钟，至熟透后脱模即可。

制作指导

将无花果用慢火煮干水分，才会入味。

健脾养胃：

南瓜派

所需时间
60 分钟左右

材料 Ingredient

A：派皮

奶油	225克	奶香粉	6克
糖浆	165克	吉士粉	30克
蛋黄	5个	柠檬皮	适量
低筋面粉	555克		

B：馅

熟南瓜	300克	红糖粉	50克
奶油	20克	肉桂粉	4克
鲜奶油	30克	粟粉	15克
蛋黄	50克	橙汁	20克

做法 Recipe

1 把派皮部分的奶油、糖浆混合拌匀。

2 分次加入蛋黄，拌至完全透彻。

3 加入低筋面粉、奶香粉、吉士粉、柠檬皮，拌匀成面团。

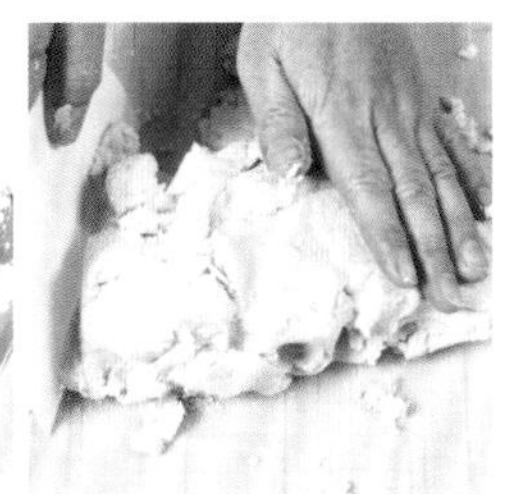

4 将面团倒在案台上，搓揉光滑。

5 将面团用擀面杖压薄。

6 然后卷起铺于派模内。

7 再用擀面杖压平模边。

8 用叉子扎孔，备用。

9 把馅部分的熟南瓜、奶油、红糖粉混合拌匀。

10 加入肉桂粉、粟粉，拌至无干粉状。

11 加入鲜奶油、蛋黄、橙汁，完全拌匀。

12 倒入备好的派模内。

13 在表面放上南瓜，入炉，以150℃的炉温烘烤。

14 烤约35分钟，至完全熟透，出炉冷却，脱模即可。

制作指导

熟南瓜含水分，不要加入太多。

美味营养：

牛肉派

所需时间
60 分钟左右

材料 Ingredient

A：派皮

奶油	225克	奶香粉	6克
糖浆	165克	吉士粉	30克
蛋黄	5个	柠檬皮	适量
低筋面粉	555克		

B：馅

新鲜牛肉	150克	火腿丁	50克
湿冬菇	50克	辣椒丝	50克
洋葱粒	30克	味精	适量
黑胡椒粉	5克	食盐	适量
葱花	15克	花生油	适量

做法 Recipe

1 将派皮部分的奶油、糖浆混合拌匀。

2 分次加入蛋黄，拌至完全透彻。

3 加入低筋面粉、奶香粉、吉士粉和柠檬皮，拌匀成面团。

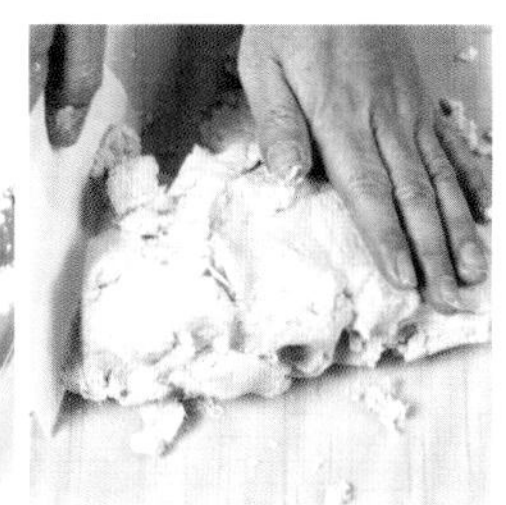

4 将面团倒在案台上，再用手搓揉成表面光滑的面团。

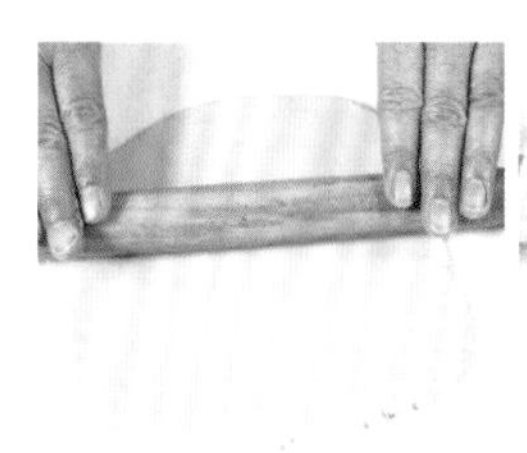

5 将面团用擀面杖压薄。

6 卷起铺在派模内。

7 再用擀面杖压平边皮。

8 用叉子扎孔后，备用。

9 将洋葱粒入油锅中爆香。

10 依次加入牛肉等其他材料炒熟。

11 将馅料倒入派模内。

12 表面再铺一块薄饼皮。

13 涂上蛋黄液，然后用竹签划出菠萝纹。

14 入炉以150℃烘烤，烤约45分钟，至熟透后出炉脱模即可。

制作指导

将牛肉炒至八成熟即可，口味可依个人喜好调节。

强身健体：

鸡肉派

所需时间
60 分钟左右

材料 Ingredient

A：派皮

奶油	225克	奶香粉	6克
糖浆	165克	吉士粉	30克
蛋黄	5个	柠檬皮	适量
低筋面粉	555克		

B：馅

洋葱粒	50克	辣椒丝	30克
泡发黑木耳	20克	味精	1克
鸡肉	150克	食盐	3克
冬菇丝	20克	花生油	20克
黑胡椒粉	3克		

做法 Recipe

1 将派皮部分的奶油、糖浆混合拌匀。

2 分次加入蛋黄，拌至透彻。

3 加入低筋面粉、奶香粉、吉士粉和柠檬皮，拌匀成面团。

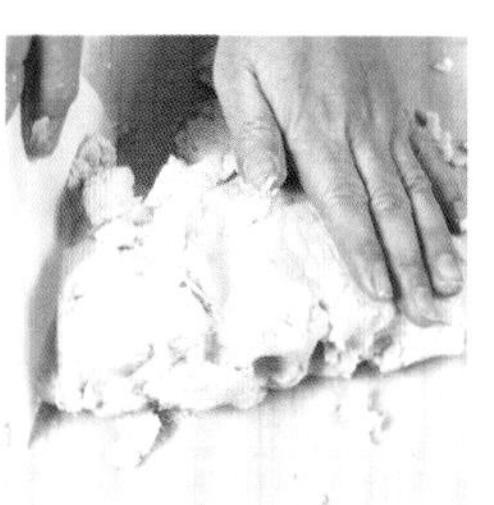

4 将面团倒在案台上，再用手搓揉成表面光滑的面团。

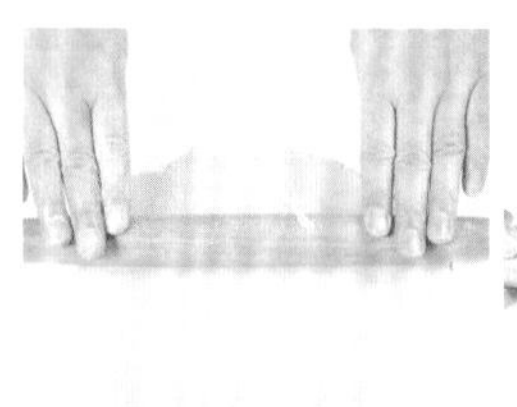

5 将面团用擀面杖压薄。

6 卷起铺在派模内。

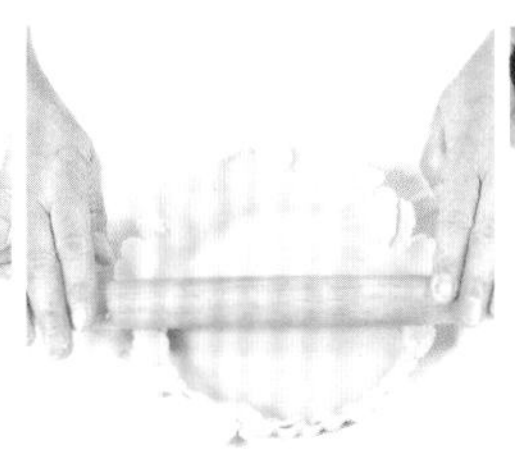

7 再用擀面杖压平边皮。

8 用叉子扎孔后，备用。

9 将洋葱粒下油锅爆香，然后依次加入馅部分的其他材料。

10 将馅料炒熟后，待其凉透，倒入预备好的派模内。

11 表面再盖上一块薄皮。

12 扫上蛋黄液，然后用竹签划出格纹。

13 入炉，以150℃的炉温烘烤。

14 烤约40分钟至熟透后，出炉即可。

制作指导

将馅料炒熟后，先待其凉透再入模，否则派皮不易熟透。

甜美多汁：

菠萝蛋糕派

所需时间
70 分钟左右

材料 Ingredient

A：派皮

奶油	225克	奶香粉	6克
糖浆	165克	吉士粉	30克
蛋黄	5个	柠檬皮	适量
低筋面粉	555克		

B：馅

全蛋	100克	粟粉	20克
砂糖	60克	液态酥油	30克
食盐	2克	菠萝丁	适量
低筋面粉	70克		

做法 Recipe

1 将派皮部分的奶油、糖浆混合拌匀。

2 分次加入蛋黄，拌至透彻。

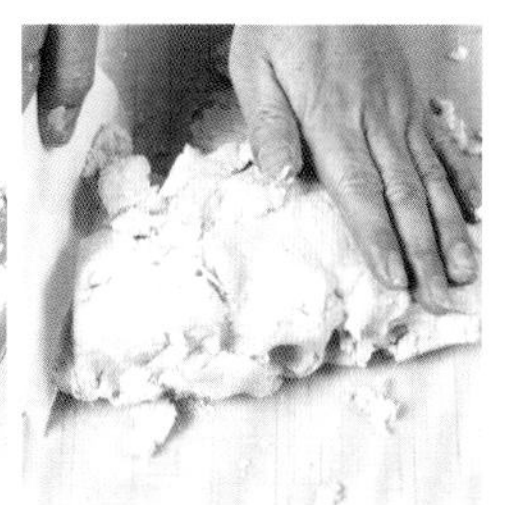

3 加入低筋面粉、奶香粉、吉士粉和柠檬皮，拌匀成面团。

4 将面团倒在案台上，再用手搓揉成光滑面团。

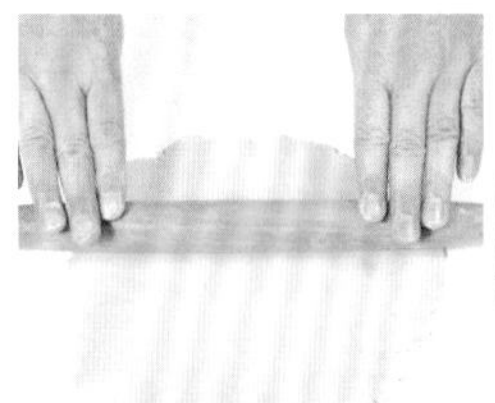

5 将面团用擀面杖压薄。

6 卷起铺于派模内。

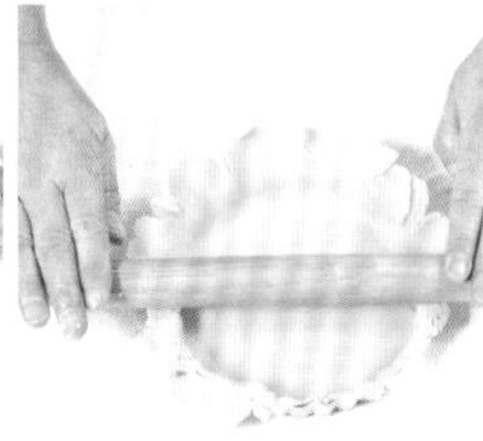

7 再用擀面杖将边压平。

8 用叉子扎孔后，备用。

9 把馅部分的全蛋、砂糖、食盐混合，先慢后快，打至鸡尾状。

10 加入低筋面粉、粟粉，拌至无粉粒状。

11 分次加入液态酥油拌匀。

12 加入菠萝丁拌匀。

13 将馅料倒入派模至九分满，入炉，以150℃的炉温烘烤。

14 烤约40分钟至熟透后，出炉，冷却脱模即可。

制作指导

拌粉时不宜用打蛋器拌，否则易消泡。

益智通便：

香蕉派

所需时间
60 分钟左右

材料 Ingredient

A：派皮

奶油	225克
糖浆	165克
蛋黄	5个
低筋面粉	555克
奶香粉	6克
吉士粉	30克
柠檬皮	适量

B：馅

黑巧克力	300克
鲜奶油	120克
核桃仁粒	60克
香蕉肉	适量

C：其他配料

白巧克力糖浆	适量

制作指导

融巧克力时，水温应控制在45℃左右，搅拌时，应向同一方向搅拌，以免起粒状。

做法 Recipe

1 将派皮部分的奶油、糖浆混合拌匀。

2 分次加入蛋黄，完全拌匀。

3 加入低筋面粉、奶香粉、吉士粉和柠檬皮，拌匀成面团。

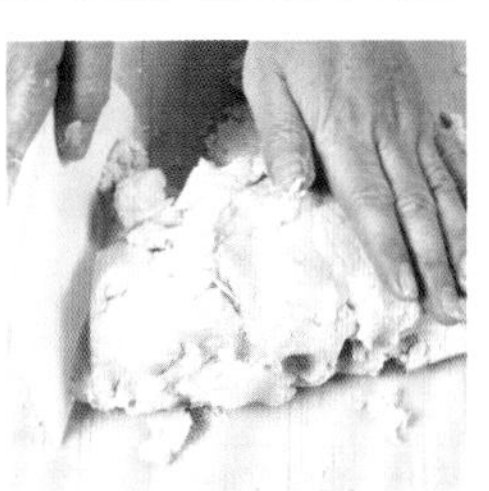

4 取出在案台上搓揉成光滑面团，再用擀面杖将面团擀成薄面片。

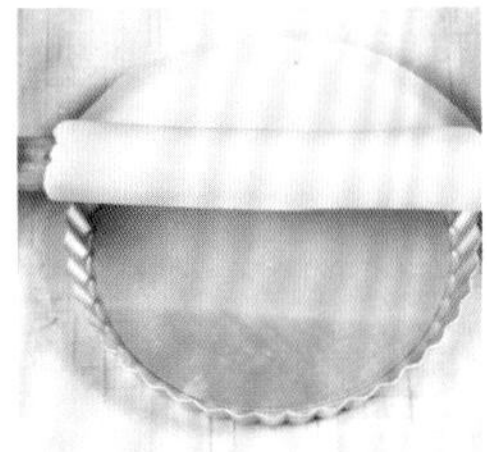

5 卷起，铺于派模内。

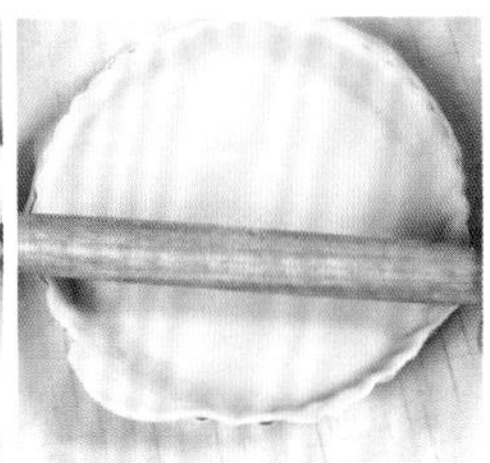

6 除去多余的面片。

7 用叉子扎孔，入炉以150℃的炉温烘烤。

8 烤至熟透，取出冷却备用。

9 把馅部分的黑巧克力倒入盆子内，隔45℃水温拌至完全融化。

10 加入鲜奶油，完全拌匀。

11 装入裱花袋，挤入冷却的派模内。

12 把香蕉肉切成均匀的薄片。

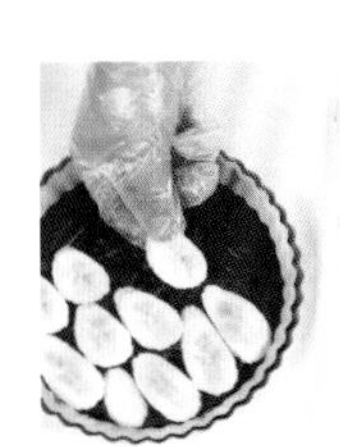

13 在派内摆入一层香蕉片。

14 均匀地撒上核桃仁粒。

15 再挤上一层巧克力酱，冷至凝固。

16 在表面挤上巧克力细线条装饰即可。

香味浓郁：

芝士条

所需时间
50 分钟左右

材料 Ingredient

奶油	120克	低筋面粉	160克
糖粉	60克	芝士粉	20克
蛋黄	30克		

制作指导

此品选用芝士粉或奶油干酪均可。

做法 Recipe

1 把奶油、糖粉倒在一起，先慢后快，打至奶白色。

2 分次加入蛋黄拌匀。

3 加入低筋面粉、芝士粉，完全拌匀至无干粉状。

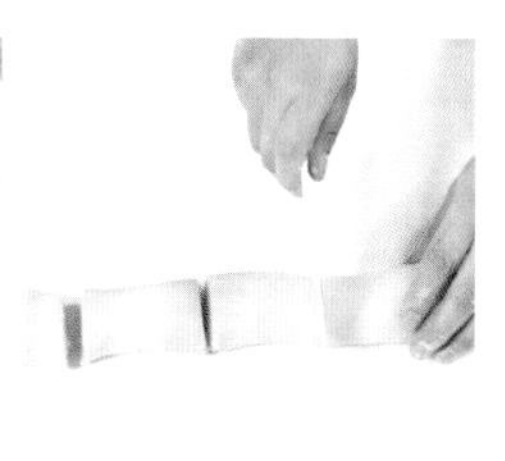

4 取出搓成长条状，分成相等的4份。

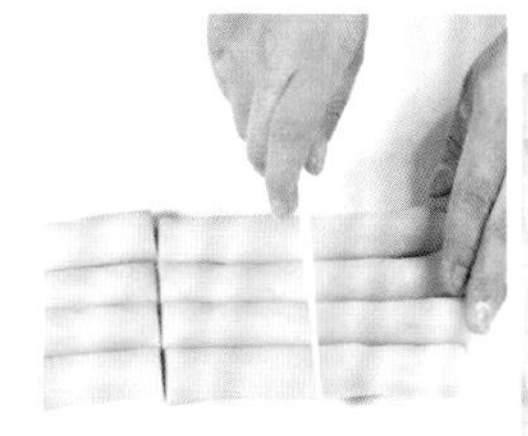

5 再把每份分别搓成细长条状并均匀地分切成3份。

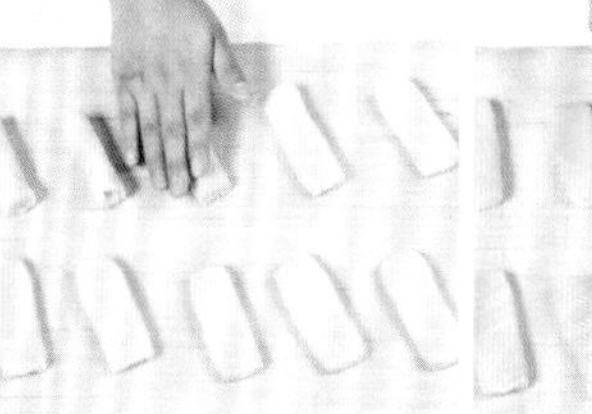

6 排入高温布上，轻压一下。

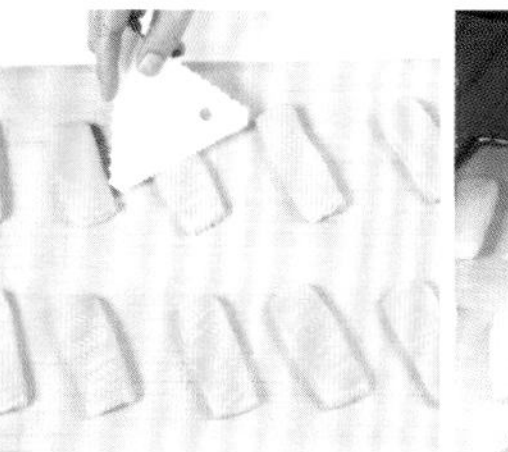

7 在表面扫上蛋黄液，用三角刮板边移动边抖动，划出花纹。

8 入炉，以160℃的炉温烘烤至完全熟透，出炉，冷却即可。

小贴士 关于芝士

芝士是一种发酵的牛奶制品，其性质与常见的酸牛奶有相似之处，都是通过发酵过程来制作的，也都含有可以保健的乳酸菌，但是芝士的浓度比酸奶更高，近似固体食物，营养价值因此也更高。每千克芝士制品由 10 千克的牛奶浓缩而成，含有丰富的蛋白质、钙、脂肪、磷和维生素等营养成分，是纯天然的食品。

香甜诱人：

蛋黄莲蓉角

所需时间 60 分钟左右

材料 Ingredient

奶油	88克	红莲蓉	210克
糖粉	38克	咸蛋黄	3个
全蛋	25克	食盐	适量
低筋面粉	185克	蛋黄液	适量
奶香粉	1克		

做法 Recipe

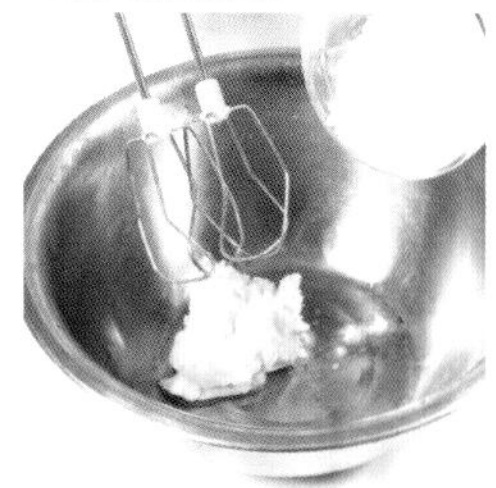

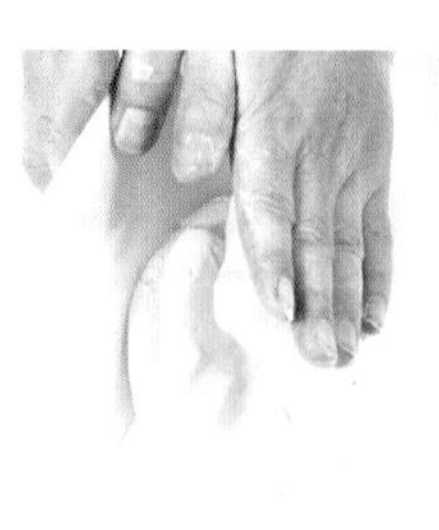

1 把奶油、糖粉、食盐倒在一起，先慢后快，打至奶白色。

2 分次加入全蛋，完全拌匀。

3 加入奶香粉、低筋面粉，完全拌匀，至无粉粒状。

4 取出搓成长条状，分切成相等的3份。

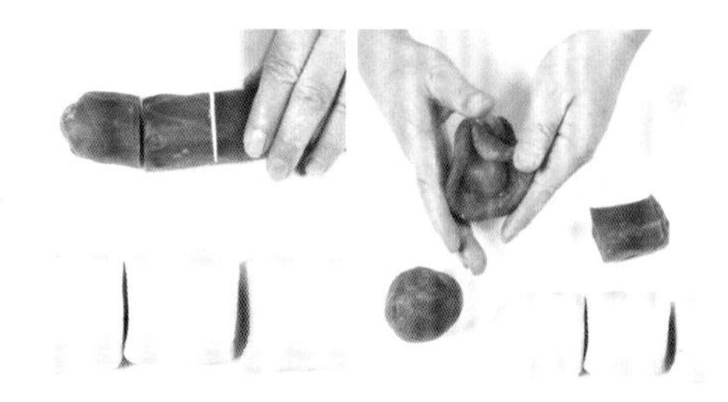
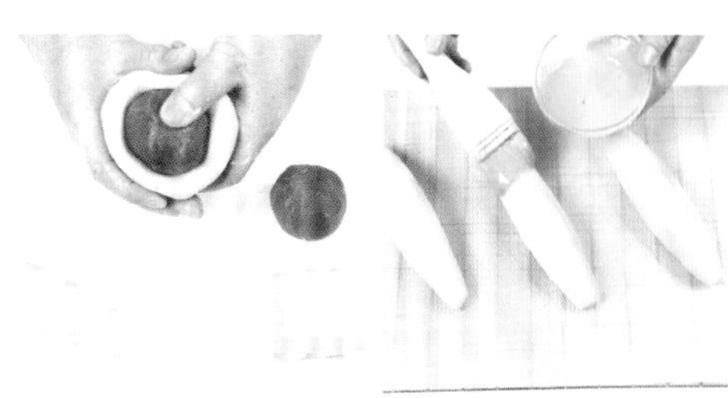

5 把红莲蓉搓成长条，分切成相等的3份。

6 把蛋黄包入红莲蓉内，并搓成圆形。

7 再把面皮压扁，包入步骤6，收紧口，搓成长条双尖形。

8 排入垫有高温布的钢丝网上，表面扫上蛋黄液。

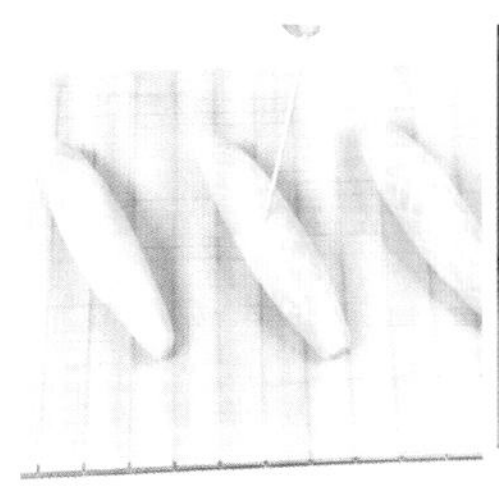
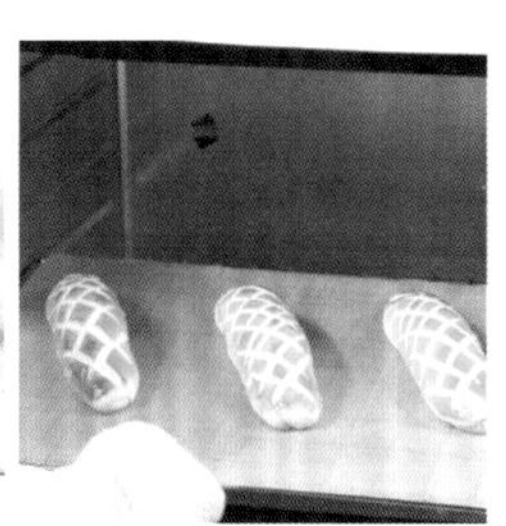

9 划出菠萝格，入炉，以140℃的炉温烘烤。

10 烤约35分钟，至完全熟透，出炉，冷却即可。

制作指导

包馅时蛋黄尽量包在莲蓉的正中间，不然的话，分切时，蛋黄会偏离中心。

小贴士 **如何选购优质咸鸭蛋**

品质好的咸鸭蛋外壳干净、光滑圆润，不应该有裂缝，蛋壳呈青色，又叫“青果”；质量较差的咸鸭蛋外壳灰暗，有白色或黑色的斑点，这种咸鸭蛋容易碰碎，保质期也相对较短。另外，质量好的咸鸭蛋应该有轻微的颤动感觉，如果感觉不到并带有异响，说明咸鸭蛋已经变质了。

消暑解毒：

绿茶蜜豆小点

所需时间
60 分钟左右

材料 Ingredient

奶油	120克	低筋面粉	150克
糖粉	60克	绿茶粉	20克
全蛋	35克	绿豆粉	110克

制作指导

饼坯本身色泽较深，烘烤时要控制好炉温，着色才不会太深。

做法 Recipe

1 把奶油、糖粉倒在一起，先慢后快，打至奶白色。

2 分次加入全蛋，完全拌匀至无液体状。

3 加入低筋面粉、绿茶粉、绿豆粉，拌至无粉粒状。

4 取出，搓成长条状。

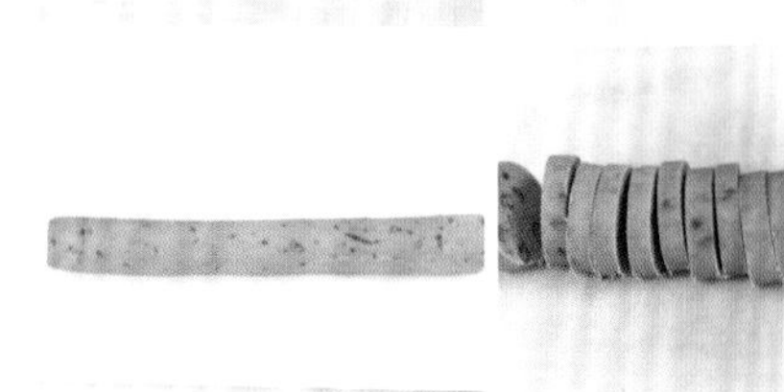

5 放入托盘，入冰箱冷冻至硬。

6 把完全冻硬的步骤5取出，置于案台上，切成厚薄均匀的饼坯。

7 排入烤盘，入炉，以160℃的炉温烘烤。

8 烤25分钟左右，至完全熟透，出炉，冷却即可。

小贴士 绿豆粉的作用

绿豆粉中含有相当数量的低聚糖（戊聚糖、半乳聚糖等），这些低聚糖因人体胃肠道没有相应的水解酶系统而很难被消化吸收，所以绿豆粉提供的能量值比其他谷物低，对肥胖和糖尿病有辅助治疗的作用。而且低聚糖是人体肠道内有益菌——双歧杆菌的增殖因子，经常食用绿豆粉可改善肠道菌群，减少有害物质的吸收。

养颜嫩肤：

茶香小点

所需时间
60 分钟左右

材料 Ingredient

奶油	120克	低筋面粉	170克
糖粉	90克	杏仁粉	35克
食盐	2克	红茶粉	15克
全蛋	30克		

做法 Recipe

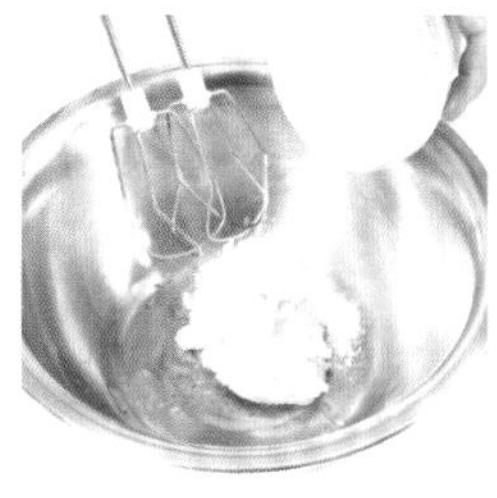

1 把奶油、糖粉、食盐混合，先慢后快，打至奶白色。

2 分次加入全蛋，拌匀至无液体状。

3 加入低筋面粉、杏仁粉、红茶粉，拌至无粉粒状。

4 取出放在案台上，搓成条状。

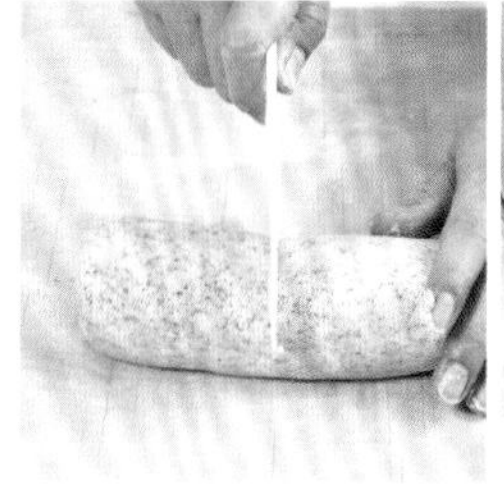

5 分切成均等的两份。

6 分别搓成长条状，用保鲜膜封好。

7 移到托盘内，表面放一块菜板，把圆形的条状面团压成扁状，放入冰箱冷冻。

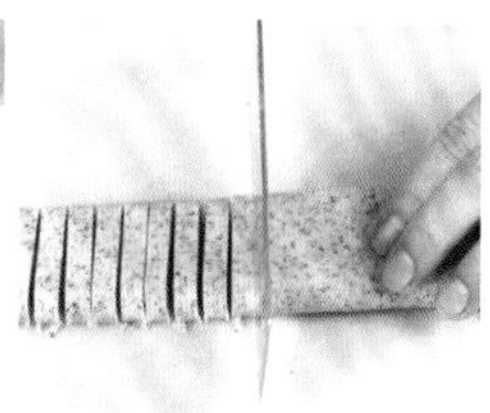

8 把冻硬的步骤7置于菜板上，切成厚薄均匀的饼坯。

9 排入烤盘，入炉，以160℃的炉温烘烤。

10 烤20～25分钟，至完全熟透后，出炉，冷却即可。

制作指导

此品为杏仁与红茶搭配，亦可选择其他材料搭配。

小贴士 关于红茶粉

红茶粉为红褐色粉末，可由红茶在低温状态下研磨粉碎而成微细茶粉，研磨的精细程度越高，口味越好，价格也越贵；也可经物理萃取而成。红茶粉很好地保持了红茶的原有营养成分、香气、颜色和口味，而且其养分更容易被人体吸收。

香甜爽滑：

奶酥塔

所需时间
55 分钟左右

材料 Ingredient

A：塔皮

无盐奶油	225克	柠檬皮	2克
糖浆	100克	全蛋	50克
糖粉	50克	低筋面粉	500克

B：塔馅

奶酪	150克	食盐	1克
无盐奶油	75克	蛋黄	35克
砂糖	25克	鲜奶	35克

做法 Recipe

1 将塔皮部分的无盐奶油、糖粉、糖浆混合，拌至均匀纯滑。

2 加入柠檬皮、全蛋，拌至完全混合。

3 加入低筋面粉拌匀。

4 将拌好的面团放在案台上，堆叠至表面光滑。

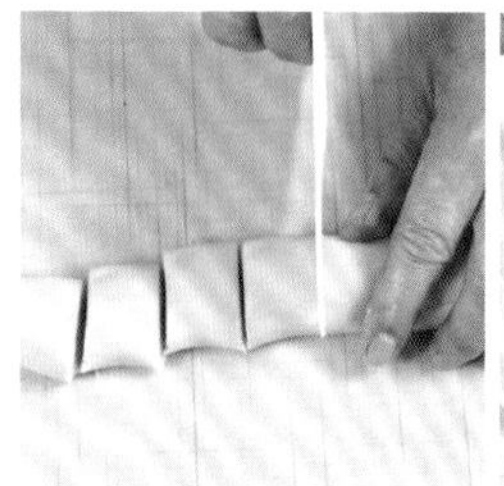

5 然后搓成长条状，分切成等份。

6 将切好的面块捏入模内，再将周边削平，入炉以150℃烤熟，备用。

7 将塔馅部分的奶酪、无盐奶油、砂糖、食盐混合。

8 搅拌至纯滑后加入蛋黄，拌至均匀。

9 然后加入鲜奶拌匀。

10 用裱花袋将拌好的馅料加入预先备好的模内，至九分满。

11 入炉，以150℃的炉温烘烤。

12 烤约20分钟至熟后，出炉，脱模即可。

制作指导

塔皮成形后最好先烤熟；烤塔馅时不须太长时间，这样口感更嫩滑。

清热除烦：

鸳鸯绿豆

所需时间 60 分钟左右

材料 Ingredient

奶油	120克	可可粉	20克
糖粉	60克	绿豆粉	110克
全蛋	35克	清水	适量
低筋面粉	150克		

做法 Recipe

1 把奶油、糖粉混合，先慢后快，打至奶白色。

2 分次加入全蛋，搅拌均匀。

3 加入低筋面粉，拌至无粉粒状。

4 放到案台上，搓成面团，切成等量的两份。

5 把其中一份加入可可粉，混合搓匀。

6 再加入绿豆粉混合均匀，搓成长条状备用。

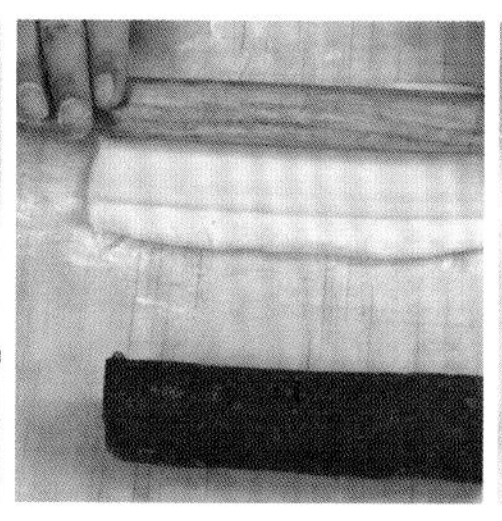

7 把另一份原色面团擀成与黑色面团一样长的薄片。

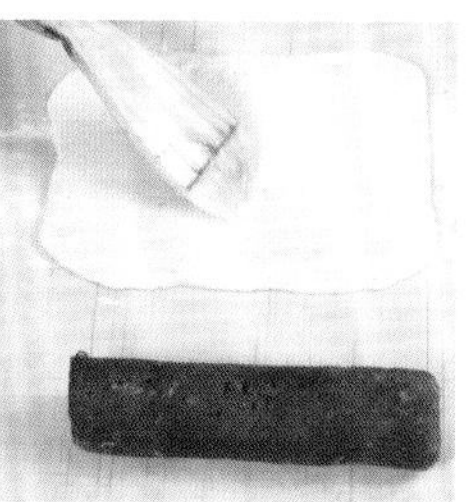

8 在表面均匀扫上少许水。

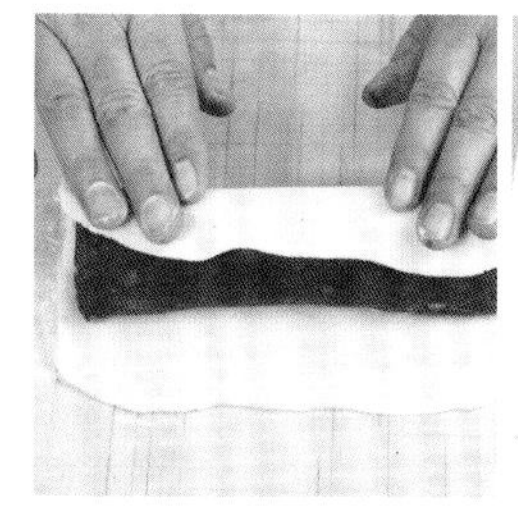

9 放上黑色长条状面团，卷起。

10 放入托盘，入冰箱冷冻。

11 把步骤10取出，放在案台上，切成厚薄均匀的片状。

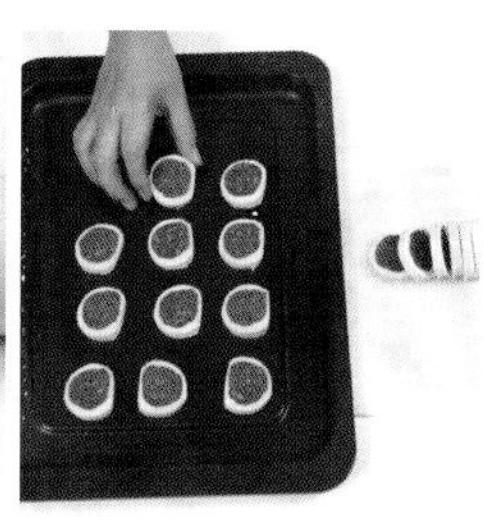

12 摆入烤盘，入炉，以150℃的炉温烤约30分钟，至完全熟透后，出炉冷却即可。

制作指导

烘烤过程中要控制好炉温，保持饼坯不要着色。

多重口味：

马赛克

所需时间
60 分钟左右

材料 Ingredient

奶油	110克	绿茶粉	适量
糖粉	60克	可可粉	适量
全蛋	70克	清水	适量
低筋面粉	150克		

做法 Recipe

1 把奶油、糖粉倒在一起，先慢后快，打至奶白色。

2 分次加入全蛋，搅拌均匀。

3 加入低筋面粉，拌至无粉粒状。

4 取出放在案台上，加少许低筋面粉，折叠搓成长条状，分切成四等份。

5 把其中两份分别加入绿茶粉、可可粉，混合搓均匀。

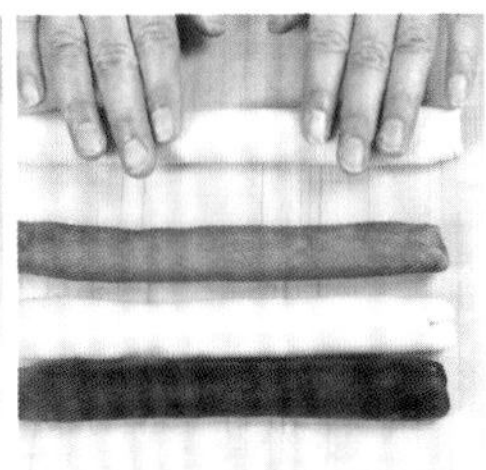

6 把四份面团搓成粗细、长度相同的条状，备用。

7 将一条黑色面团与一条白色面团并排在一起，在夹缝的位置扫上清水，再叠上绿色的面团条。

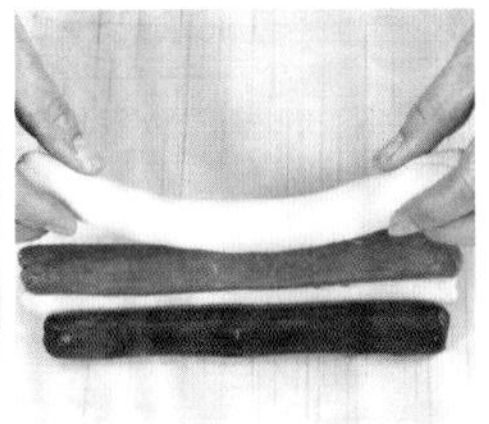

8 依次扫上少许清水，放上另一条。

9 借助刮片，把它们压平，压实成四方长条形，中间位置无缝隙。

10 放入托盘内入冰箱冷冻。

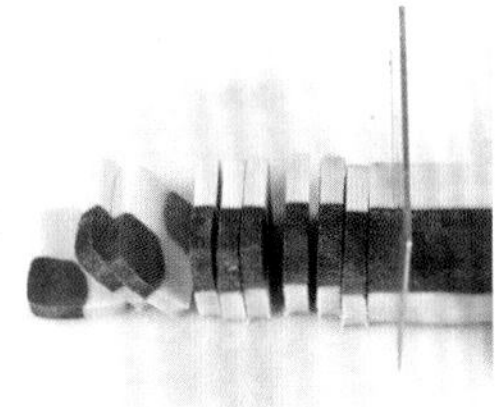

11 把完全冻硬的面团取出，置于板上，切成厚薄均匀的饼坯。

12 排入烤盘。

13 入炉，以150℃的炉温烘烤。

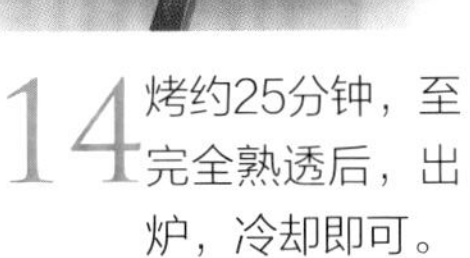

14 烤约25分钟，至完全熟透后，出炉，冷却即可。

制作指导

烘烤过程中不要上色，不然会影响外观和风味。

浓郁椰香：

椰塔

所需时间
60 分钟左右

材料 Ingredient

A：塔皮

奶油	225克	奶香粉	6克
糖浆	165克	吉士粉	30克
蛋黄	5个	柠檬皮	适量
低筋面粉	555克		

B：馅

清水	65克	椰蓉	130克
沙拉油	38克	清水	50克
麦芽糖	20克	低筋面粉	35克
砂糖	130克		
全蛋	100克		
泡打粉	2克		

C：其他材料

樱桃	适量

做法 Recipe

1 将塔皮部分的奶油、糖浆混合，完全拌匀。

2 分次加入蛋黄拌透。

3 加入低筋面粉、奶香粉、吉士粉和柠檬皮，拌匀成面团。

4 取出放在案台上，搓揉至表面光滑，擀成厚薄均匀的面片。

5 用印模压出圆形。

6 把成形的面皮放入塔模内，捏到位，备用。

7 把馅部分的65克清水、色拉油、麦芽糖、砂糖混合加热。

8 煮开至糖溶化，加入椰蓉煮熟。

9 加入另外50克清水和低筋面粉，将调好的面糊继续加热煮熟。

10 放凉后依次加入全蛋、泡打粉，混合拌匀成椰塔馅。

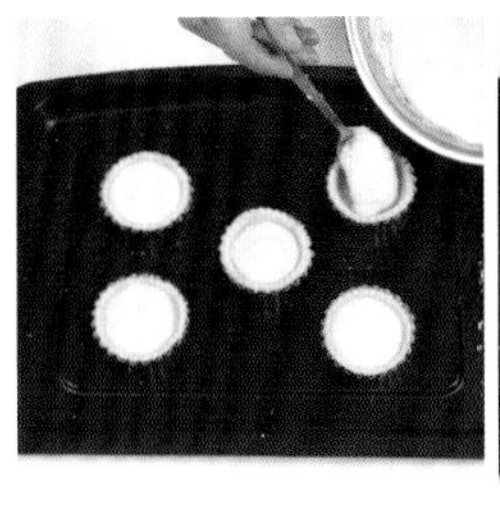

11 将馅料加入塔模内，至九分满。

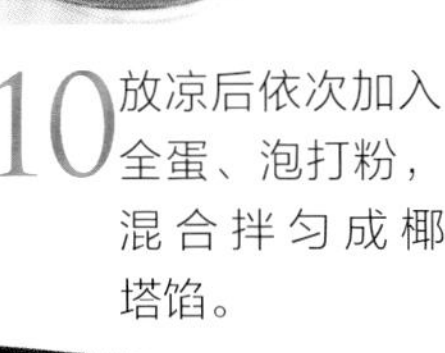

12 表面用樱桃装饰。

13 入炉，以150℃的炉温烘烤。

14 烤约30分钟至呈浅金黄色，出炉即可。

制作指导

椰蓉易着色，要控制好炉温。

PART 4 高级西点入门

想要烘烤出更有难度、更有风味的西点，那就要接受高级挑战了。以下介绍的西点虽然制作起来有点难度，但是只要认真实践，你一定可以烘焙出理想的西点！

养血补脑：

核桃塔

所需时间
50 分钟左右

材料 Ingredient

A：塔皮

奶油	225克	奶香粉	6克
糖浆	165克	吉士粉	30克
蛋黄	5个	柠檬皮	适量
低筋面粉	555克		

B：馅

全蛋	100克	奶粉	50克
提子干	100克	蛋黄	80克
核桃仁粒	100克	砂糖	80克
炼奶	50克		

做法 Recipe

1 把塔皮部分的奶油、糖浆混合拌匀。

2 分次加入蛋黄，拌透。

3 加入低筋面粉、奶香粉、吉士粉、柠檬皮，拌匀成面团。

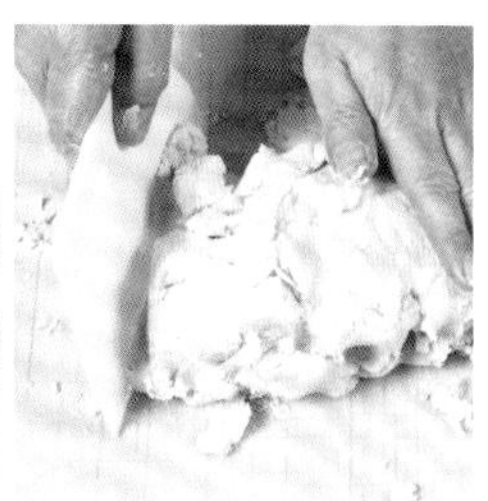

4 取出，搓揉光滑。

5 擀成薄面片，用印模压出形状。

6 置于塔模内，用手捏到位，备用。

7 把馅部分的全蛋、提子干、核桃仁粒、炼奶、奶粉和30克砂糖混合，拌均匀制成馅料。

8 将馅料放入备好的塔模内。

9 将蛋黄与50克砂糖倒在一起，先慢后快，打至硬性起泡。

10 装入裱花袋内，挤入步骤8内至满。

11 入炉以160℃的炉温烘烤。

12 烤约25分钟，至完全熟透后出炉，冷却即可。

制作指导

入炉时尽量以高温烘烤，但上色后必须马上降温，才可让西点表面光亮不开裂。

香甜滑嫩：

香米奶塔

所需时间
55 分钟左右

材料 Ingredient

A：塔皮

奶油	225克	奶香粉	6克
糖浆	165克	吉士粉	30克
蛋黄	5个	柠檬皮	适量
低筋面粉	555克		

B：馅

清水	125克	砂糖	25克
鲜奶	125克	全蛋	1个
米饭	50克	即溶吉士粉	20克

做法 Recipe

1 把塔皮部分的奶油、糖浆混合拌匀。

2 分次加入蛋黄，拌透。

3 加入低筋面粉、奶香粉、吉士粉、柠檬皮，拌匀成面团。

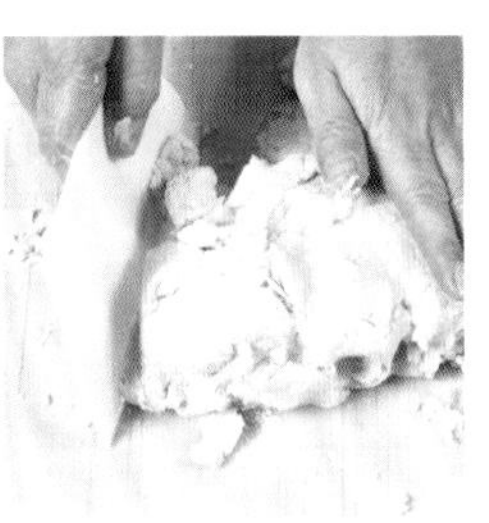

4 取出，堆叠光滑。

5 擀成薄面片，用印模压出形状。

6 置于塔模内，用手捏到位备用。

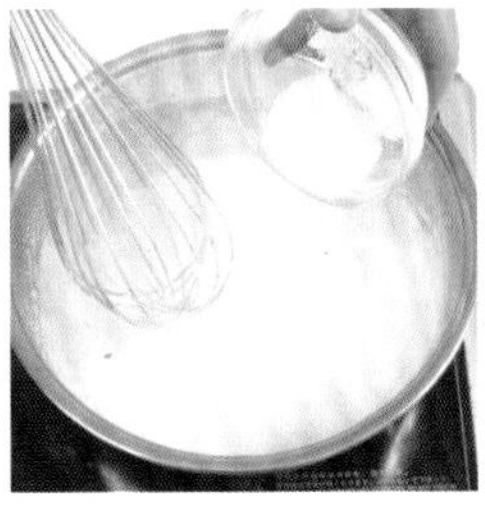

7 将馅部分的清水、鲜奶、米饭、砂糖混合，用慢火煮开，成糊状。

8 离火，加入即溶吉士粉拌匀。

9 加入全蛋拌匀。

10 装入裱花袋，挤入备好的派模内至九分满。

11 入炉，以150℃的炉温烘烤。

12 烤约25分钟至熟透后，出炉冷却即可。

制作指导

选择米饭时应选稍硬一点的，但不能太硬。

益肾填精：

松子果仁酥

所需时间
6 小时左右

材料 Ingredient

清水	200克	片状起酥油	250克
全蛋	1个	蛋黄液	适量
砂糖	38克	松子仁	适量
中筋面粉	438克	果仁馅	适量
奶油	45克		

做法 Recipe

1 将砂糖、中筋面粉、奶油倒入搅拌桶内，加入全蛋和清水。

2 拌打至纯滑即可。

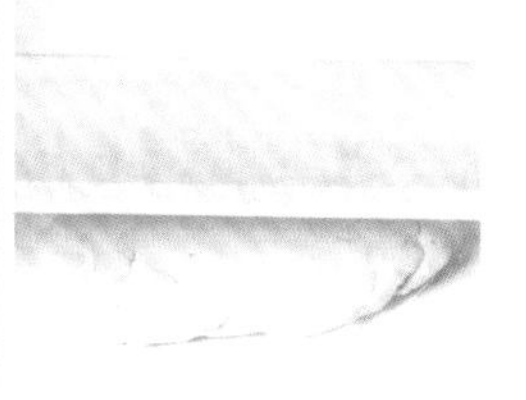

3 取出面团后，用保鲜膜包好。

4 静置30分钟。

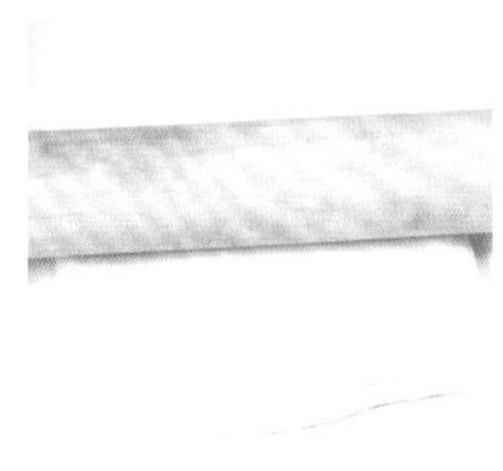

5 将松弛好的面团用通锤压薄擀开。

6 然后将片状起酥油包入。

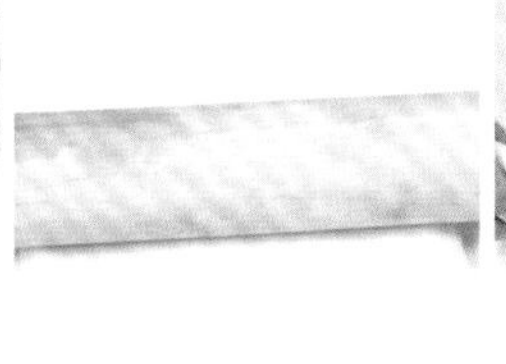

7 将油皮擀成长方形薄皮。

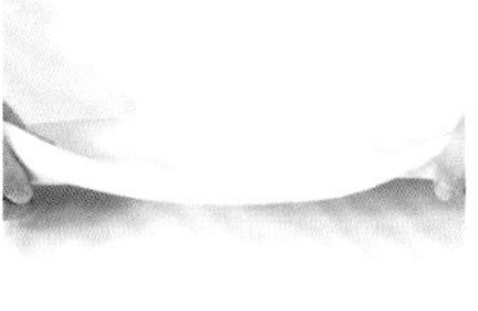

8 两头向中间折起成四折层状，放入冰箱静置松弛1小时。

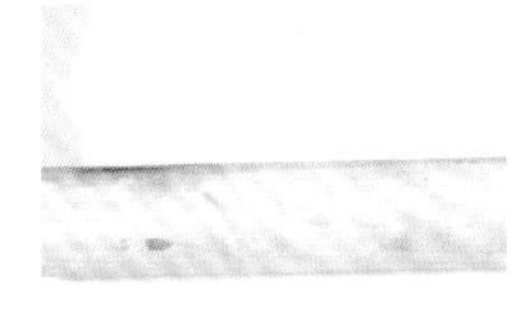

9 重复步骤7、8两次后，再将其擀成约3毫米厚。

10 将酥皮切成长条状，扫上蛋黄液，然后将果仁馅搓成长条状，放入已扫蛋黄液的一边。

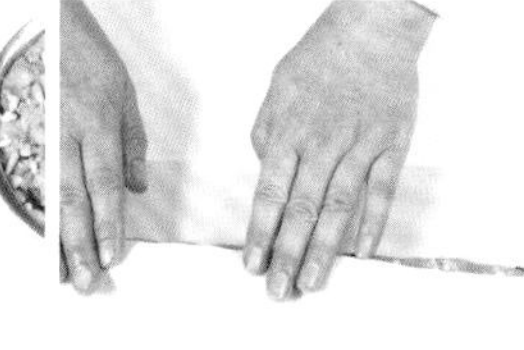

11 用酥皮把馅卷起包入，搓实。

12 用刀分切成约10厘米长的段，表面轻划几道痕。

13 排入烤盘中，松弛30分钟后，扫上蛋黄液，再用松子仁装饰。

14 入炉以150℃的温度烘烤，烤约40分钟至金黄色熟透后，出炉即可。

制作指导

酥皮包馅卷起时接口要收紧，同时收口必须向下。共折叠3次，每折一次必须放入冰箱松弛1个小时。

香甜酥脆：

书夹酥

所需时间
6 小时左右

材料 Ingredient

清水	200克	奶油	45克
全蛋	1个	片状起酥油	250克
砂糖	38克	豆沙	适量
中筋面粉	438克		

做法 Recipe

1 将砂糖、中筋面粉、奶油倒入搅拌桶内，加入蛋清和清水。

2 拌打至纯滑。

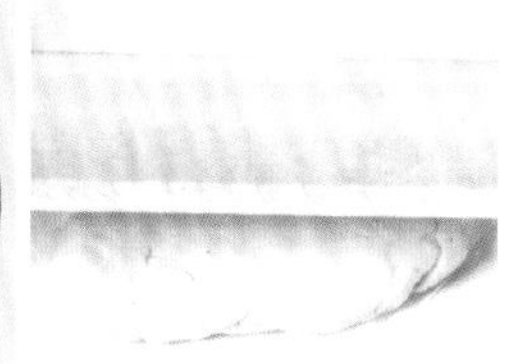

3 将面团取出后，用保鲜膜包起。

4 静置松弛30分钟。

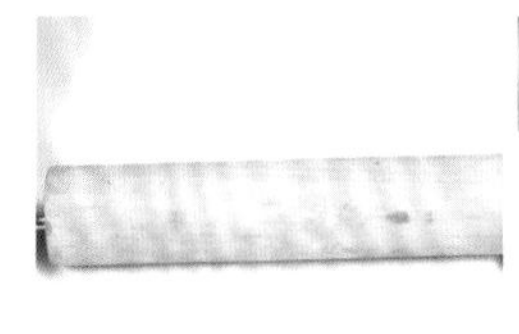

5 将松弛好的面团压薄擀开。

6 然后将片状起酥油包入。

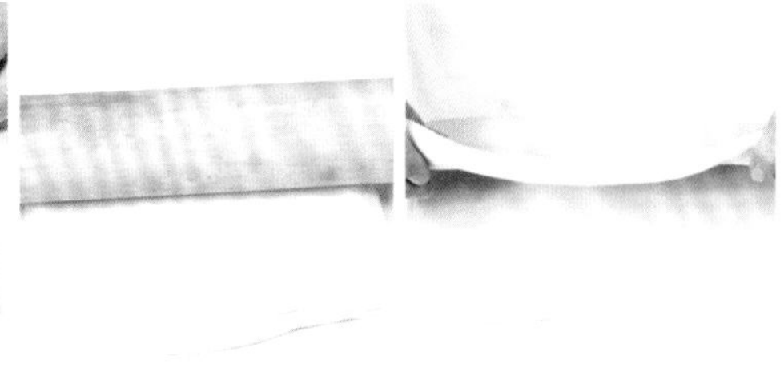

7 将油皮擀成长方形薄皮。

8 两头向中间折起成四折层状，然后放入冰箱静置松弛1小时。

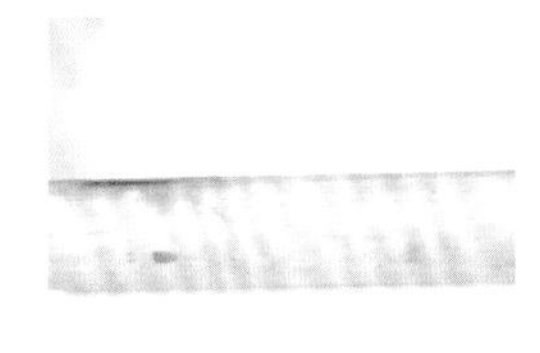

9 重复步骤7、8两次后，再擀成约3毫米厚的面皮。

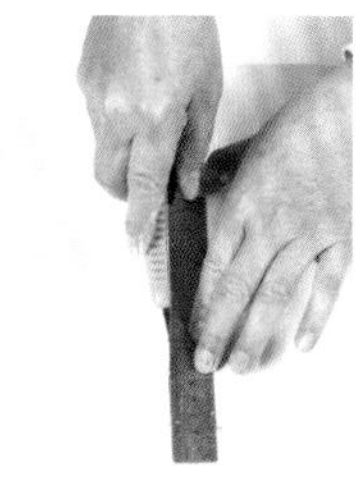

10 将酥皮分切成长日形。

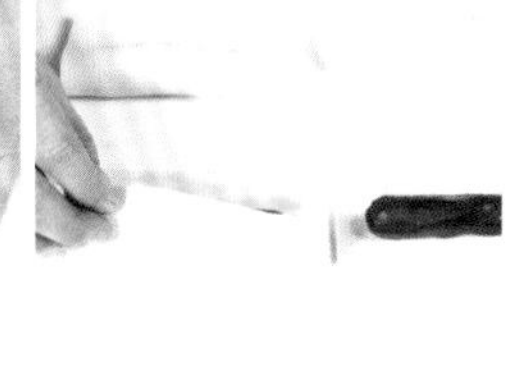

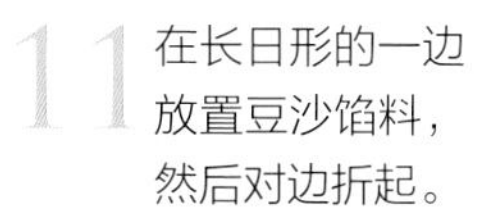

11 在长日形的一边放置豆沙馅料，然后对边折起。

12 将馅包实后，用薄刀片在折口切开4条刀缝。

13 完成后排入烤盘，松弛30分钟后刷上蛋黄液。

14 入炉以150℃的温度烘烤，烤约40分钟至熟透后，出炉即可。

制作指导

刀口切距要均匀，刷蛋黄液时蛋液不要粘住刀口。共折叠3次，每折一次必须放入冰箱松弛1小时。

酥脆香甜：

千层酥

所需时间
6 小时左右

材料 Ingredient

清水	200克	中筋面粉	438克
全蛋	1个	片状起酥油	250克
奶油	45克	椰子馅	适量
砂糖	38克		

做法 Recipe

1 将砂糖、中筋面粉、奶油倒入搅拌桶内，再加入蛋清和清水。

2 拌打至纯滑。

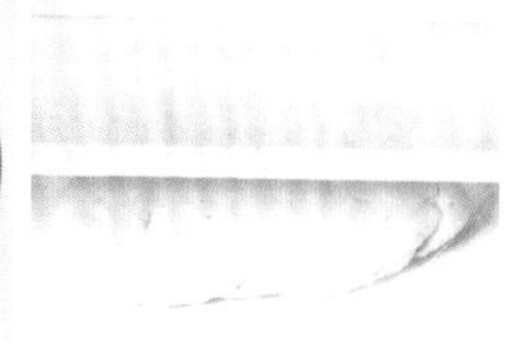

3 取出面团后，用保鲜膜包起。

4 静置松弛30分钟。

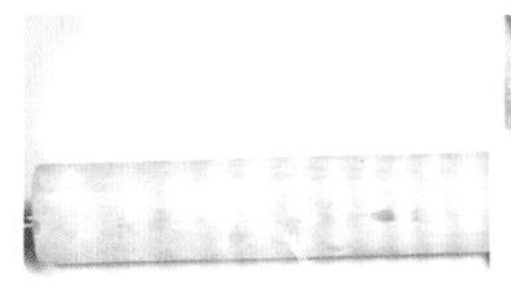

5 将松弛好的面团压薄擀开。

6 然后将片状起酥油包入。

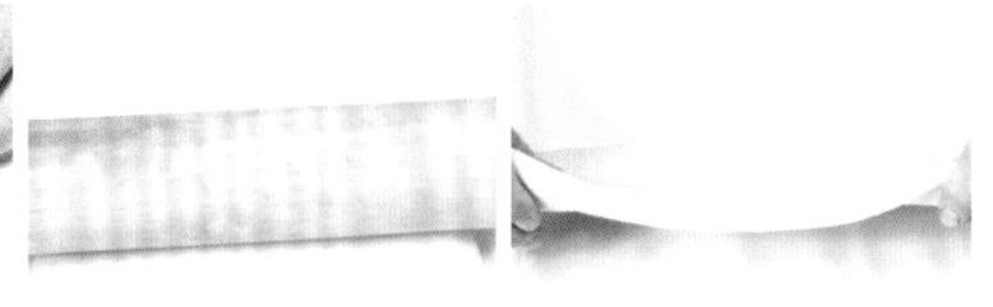

7 将油皮擀成长方形薄皮。

8 两头向中间折起成四折层状，然后放入冰箱静置松弛1小时。

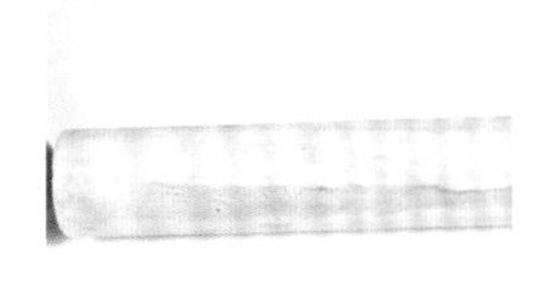

9 重复步骤7、8两次后，再擀薄成约3毫米厚的面皮。

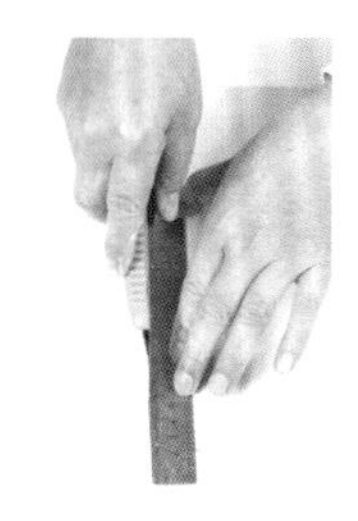

10 将酥皮分切成正方形。

11 将椰子馅捏实，放置于其中一角，然后将对角包起，把馅包入。

12 排入烤盘，松弛30分钟，刷上蛋黄液。

13 入炉，以150℃的炉温烘烤。

14 烤约40分钟，烤至呈浅金黄色熟透后，出炉即可。

制作指导

酥皮分切要端正，包馅时两边要对齐，这样烤出来的成品才美观。共折叠3次，每折一次必须入冰箱松弛1小时。

清香甜酥：

莲蓉酥

所需时间
6 小时左右

材料 Ingredient

清水	200克	中筋面粉	438克
全蛋	1个	片状起酥油	250克
奶油	45克	莲蓉馅	适量
砂糖	38克		

做法 Recipe

1 将砂糖、中筋面粉、奶油倒入搅拌桶内，再加入蛋清和清水。

2 拌打至纯滑。

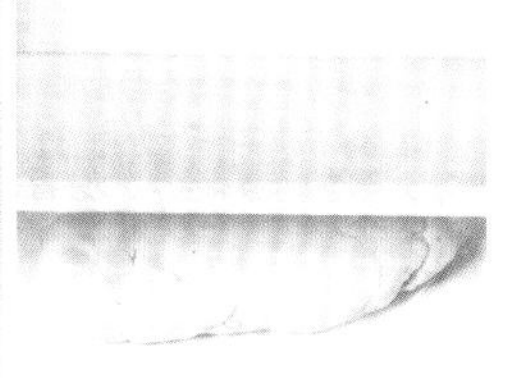

3 取出面团后，用保鲜膜包起。

4 静置松弛30分钟。

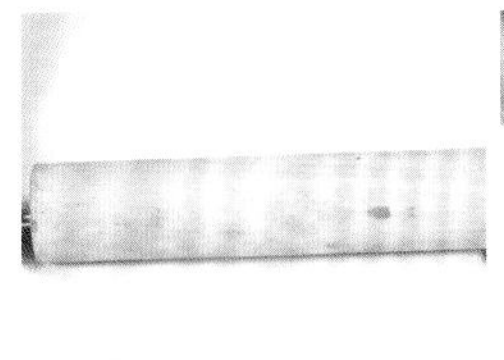

5 将松弛好的面团压薄擀开。

6 然后将片状起酥油包入。

7 将油皮擀成长方形薄皮。

8 两头向中间折起成四折层状，然后放入冰箱静置松弛1小时。

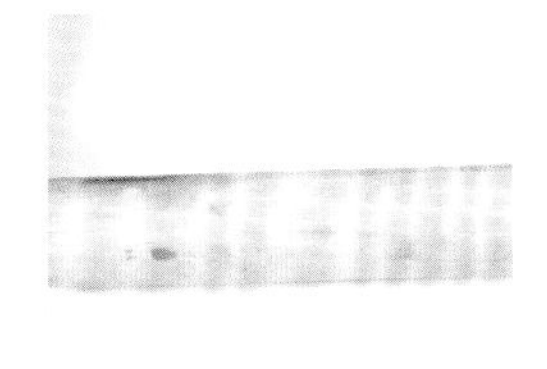

9 重复步骤7、8两次后，再擀成约3毫米厚的面皮。

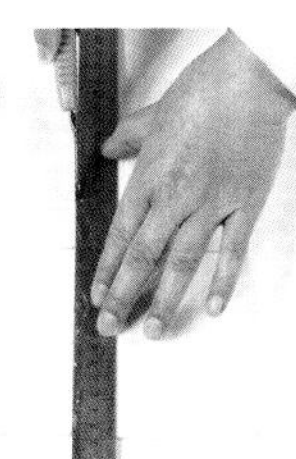

10 将酥皮分切成长日形。

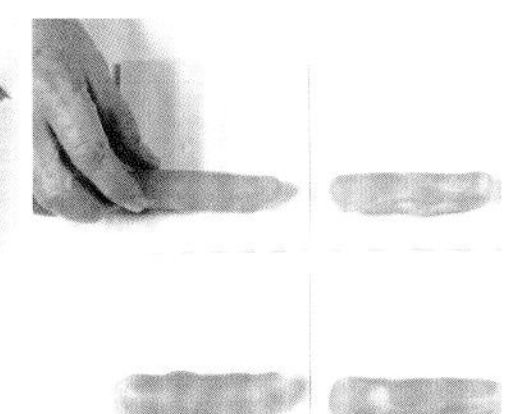

11 在其中一端放入莲蓉馅。

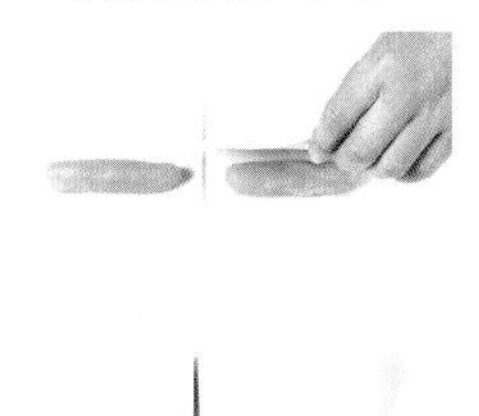

12 将另一端包起，把馅包入。

13 排入烤盘松弛30分钟后，刷上蛋黄液。

14 入炉，以150℃的炉温烘烤，烤约40分钟至熟透后，出炉脱模即可。

制作指导

擀制酥皮时，注意水皮、油心的软硬度要保持一致。共折叠3次，每折一次必须放入冰箱松弛1小时。

鲜香酥脆：

肉松酥

所需时间
6 小时左右

材料 Ingredient

清水	200克	中筋面粉	438克
全蛋	1个	片状起酥油	250克
奶油	45克	肉松馅	适量
砂糖	38克		

做法 Recipe

1 将砂糖、中筋面粉、奶油倒入搅拌桶内，再加入蛋清和清水。

2 拌打至纯滑。

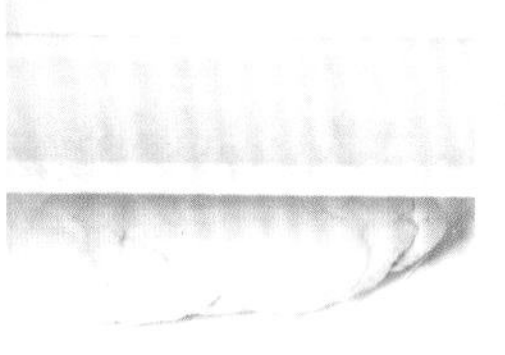

3 取出面团后，用保鲜膜包起。

4 静置松弛30分钟。

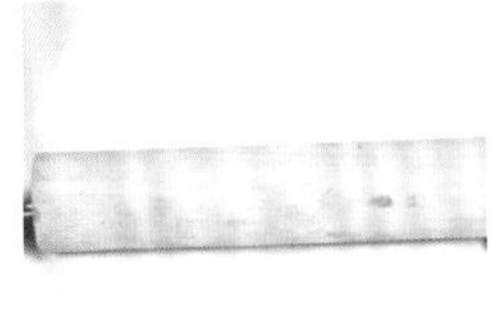

5 将松弛好的面团压薄擀开。

6 然后将片状起酥油包入。

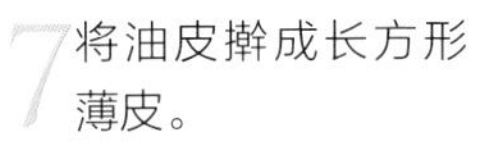

7 将油皮擀成长方形薄皮。

8 两头向中间折起成四折层状，然后放入冰箱静置松弛1小时。

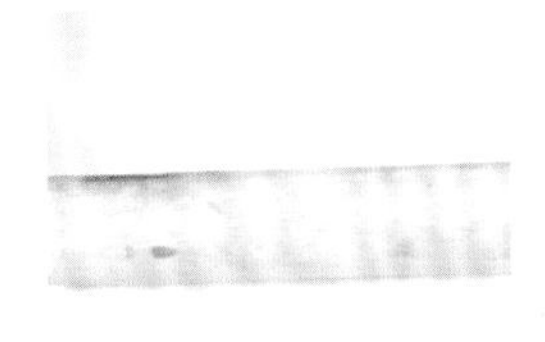

9 重复步骤7、8两次后，再擀成约3毫米厚的面皮。

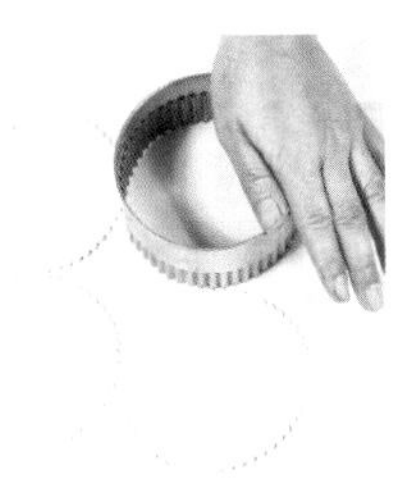

10 借助切模压出酥坯。

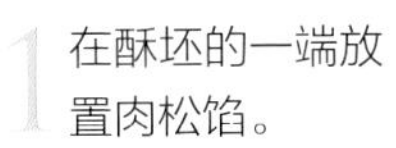

11 在酥坯的一端放置肉松馅。

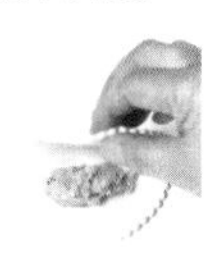

12 将另一端包起，将馅包实。

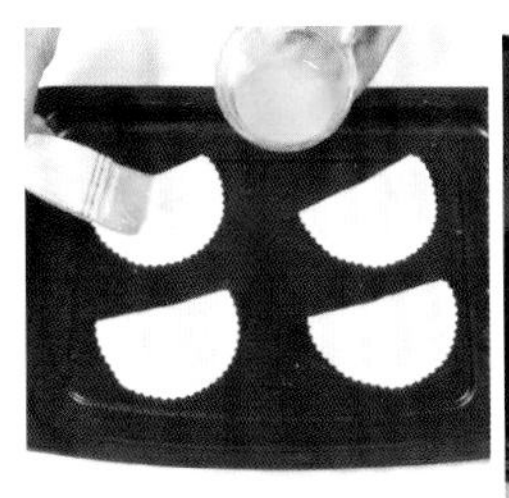

13 放在烤盘上松弛30分钟后，刷上蛋黄液。

14 入炉，以150℃的温度烘烤，烤约40分钟，烤至浅金黄色完全熟透，出炉即可。

制作指导

肉松馅可用奶油或沙拉酱拌至黏合，口感更好。

养生补虚：

花生酥条

所需时间
6 小时左右

材料 Ingredient

清水	200克	中筋面粉	438克
全蛋	1个	片状起酥油	250克
奶油	45克	花生仁碎	适量
砂糖	38克	细砂糖	适量

做法 Recipe

1 将砂糖、中筋面粉、奶油倒入搅拌桶内，再加入蛋清和清水。

2 拌打至纯滑。

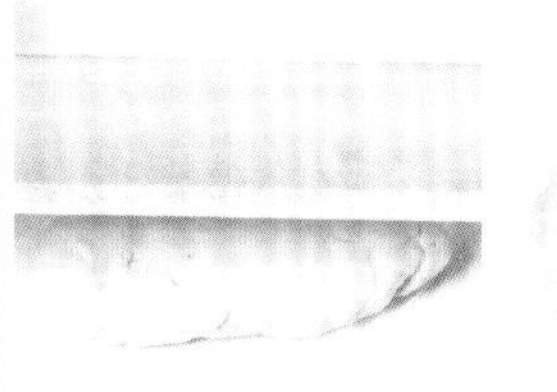

3 取出面团后，用保鲜膜包起。

4 静置松弛30分钟。

5 将松弛好的面团压薄擀开。

6 然后将片状起酥油包入。

7 将油皮擀成长方形薄皮。

8 两头向中间折起成四折层状，然后放入冰箱静置松弛1小时。

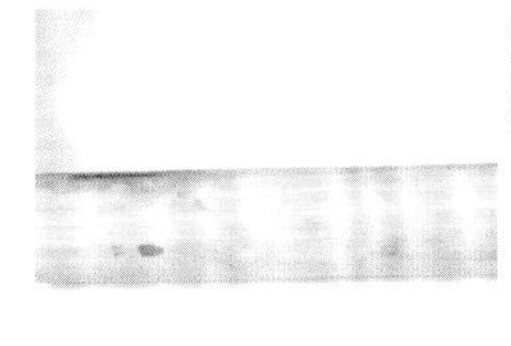

9 重复步骤7、8两次后，再擀成约3毫米厚的面皮。

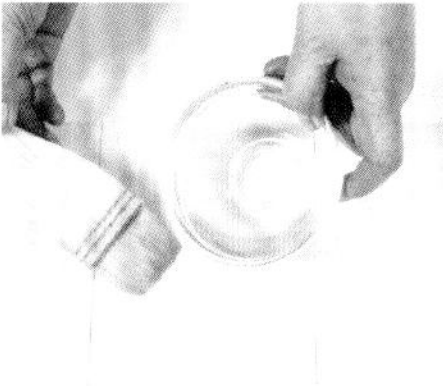

10 将酥皮分切成4厘米宽的长条形，然后刷上蛋黄液。

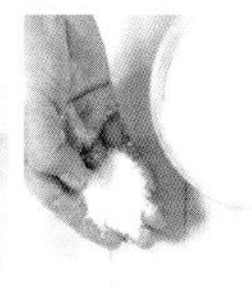

11 表面撒上细砂糖。

12 再撒上花生仁碎。

13 排入烤盘，松弛30分钟。

14 入炉，以150℃的温度烘烤，烤约40分钟至熟透后，出炉即可。

制作指导

用花生仁碎装饰时，要保持碎粒完整，否则成品不美观。

咸香酥脆：

和味酥

所需时间
6 小时左右

材料 Ingredient

清水	200克	中筋面粉	438克
全蛋	1个	片状起酥油	250克
奶油	45克	肉松	适量
砂糖	38克	葱花	适量

制作指导

还可加芝麻、胡萝卜丁到卷中。

做法 Recipe

1 将砂糖、中筋面粉、奶油倒入搅拌桶内，再加入蛋清和清水。

2 拌打至纯滑。

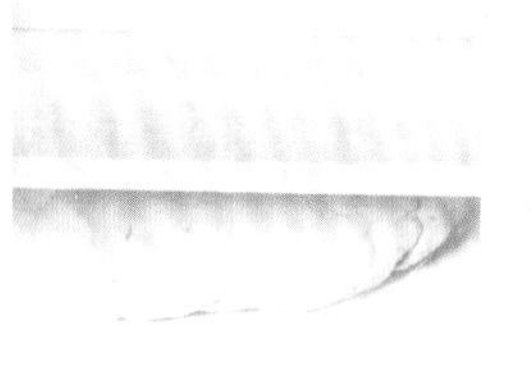

3 取出面团后，用保鲜膜包起。

4 静置松弛30分钟。

5 将松弛好的面团压薄擀开。

6 然后将片状起酥油包入。

7 将油皮擀成长方形薄皮。

8 两头向中间折起成四折层状，然后放入冰箱静置松弛1小时。

9 重复步骤7、8两次后，再擀成约3毫米厚的面皮。

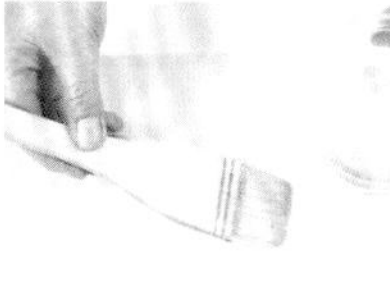

10 在面皮表面刷上清水。

11 均匀地撒上肉松和葱花。

12 卷成卷状。

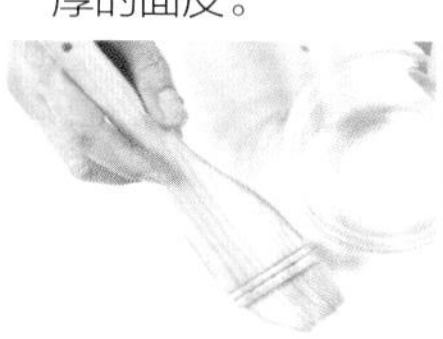

13 收口处压薄，刷少许清水，卷成条状。

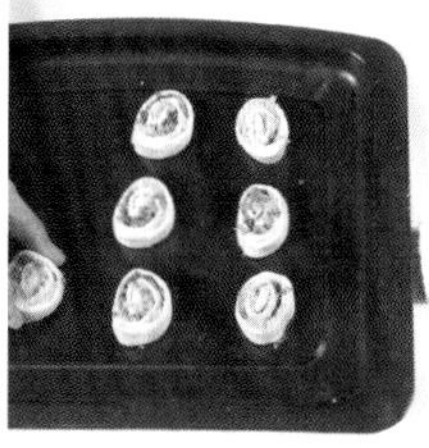

14 分切成小份，排入烤盘。

15 静置30分钟后，以150℃的炉温烘烤。

16 烤约30分钟，至浅黄色熟透后出炉，冷却即可。

广州特产：

鲍鱼酥

所需时间
6 小时左右

材料 Ingredient

清水	200克	中筋面粉	438克
全蛋	1个	片状起酥油	250克
奶油	45克	椰子馅	适量
砂糖	38克		

制作指导

第二次折叠倒翻时，一定要压得够薄，不然出炉后两头会太厚，影响美观。

做法 Recipe

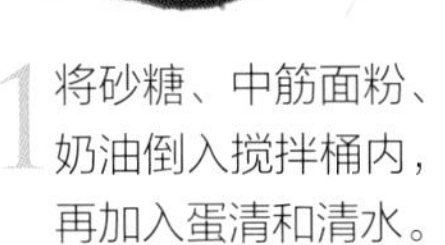

1 将砂糖、中筋面粉、奶油倒入搅拌桶内，再加入蛋清和清水。

2 拌打至纯滑。

3 取出面团后，用保鲜膜包起。

4 静置松弛30分钟。

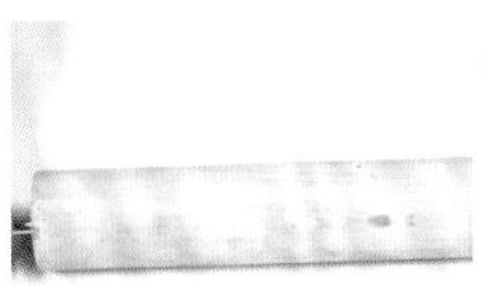
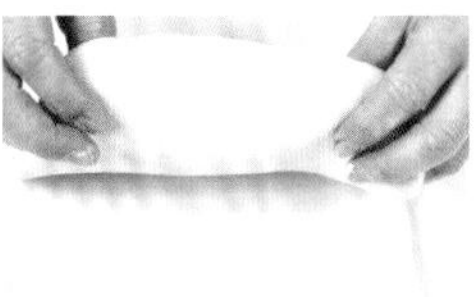

5 将松弛好的面团压薄擀开。

6 然后将片状起酥油包入。

7 将油皮擀成长方形薄皮。

8 两头向中间折起成四折层状，然后放入冰箱静置松弛1小时。

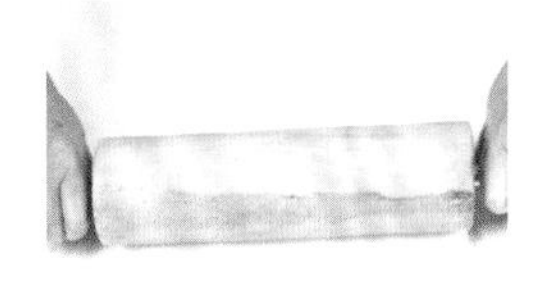
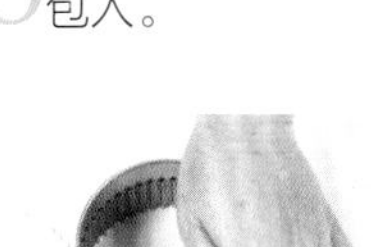
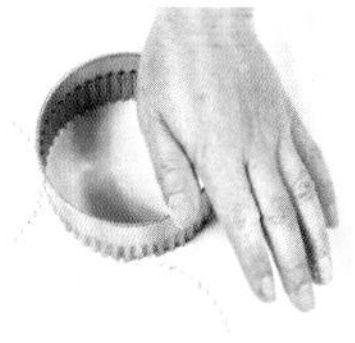

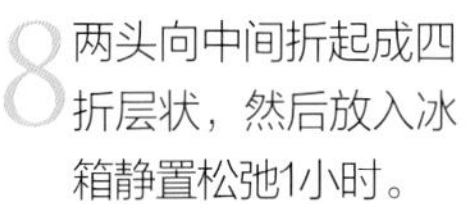

9 重复步骤7、8两次后，再擀薄成约3毫米厚的面皮。

10 用印模压出形状。

11 在中间放上椰子馅。

12 往中间折起后，两边压薄起倒翻。

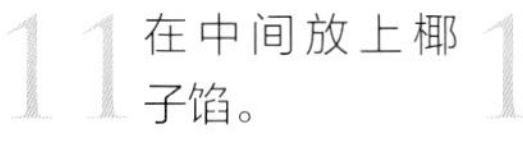

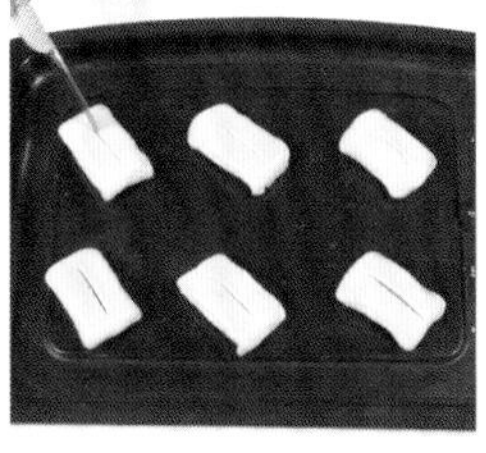

13 排入烤盘，静置30分钟。

14 在表面刷上蛋黄液。

15 中间划一刀至可看到馅料，入炉以150℃的炉温烘烤。

16 烤约30分钟至呈金黄色熟透后，出炉冷却即可。

香甜酥脆：

扭纹酥

所需时间
6 小时左右

材料 Ingredient

清水	200克	中筋面粉	438克
全蛋	1个	片状起酥油	250克
奶油	45克	椰子馅	适量
砂糖	38克	蛋黄液	适量

制作指导

松弛约1小时，否则加温烘烤时易收缩。

做法 Recipe

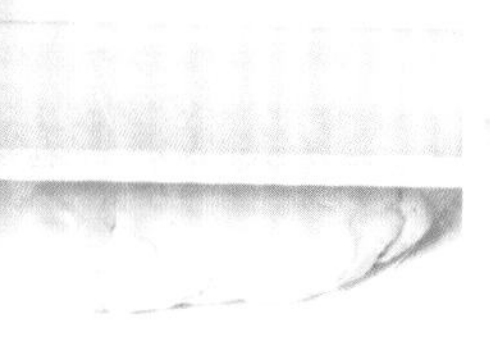

1 将砂糖、中筋面粉、奶油倒入搅拌桶内，加入全蛋和清水。

2 将面团拌打至纯滑。

3 取出面团后，用保鲜膜包起。

4 静置松弛30分钟。

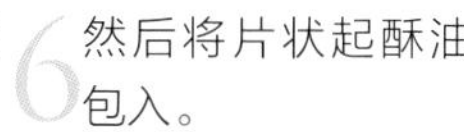

5 将松弛好的面团压薄擀开。

6 然后将片状起酥油包入。

7 将油皮擀成长方形薄皮。

8 两头向中间折起成四折层状，然后放入冰箱静置松弛1小时。

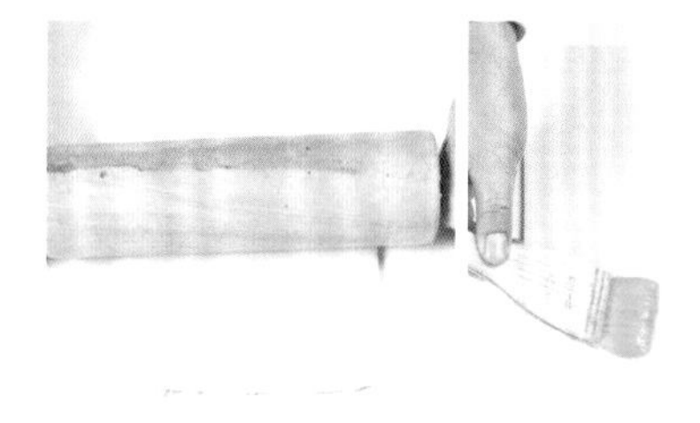
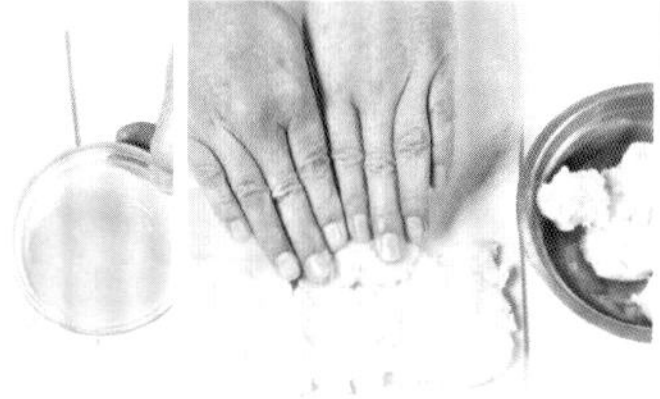

9 重复步骤7、8两次后，再擀薄成约3毫米厚的面皮。

10 将酥皮四边切齐后，刷上蛋黄液。

11 然后铺上一层薄椰子馅。

12 表面再盖上一块酥皮，将馅包实。

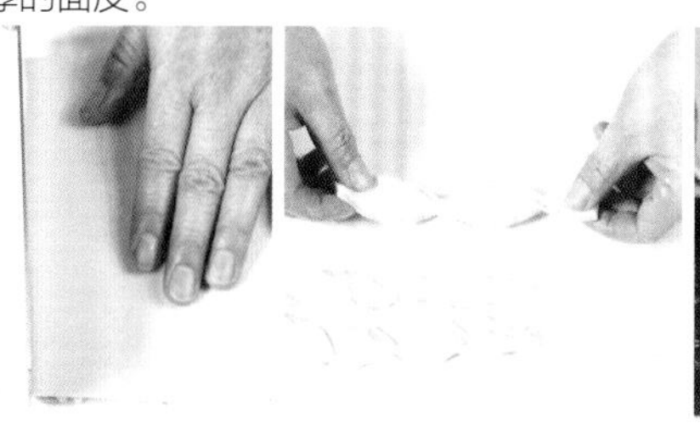
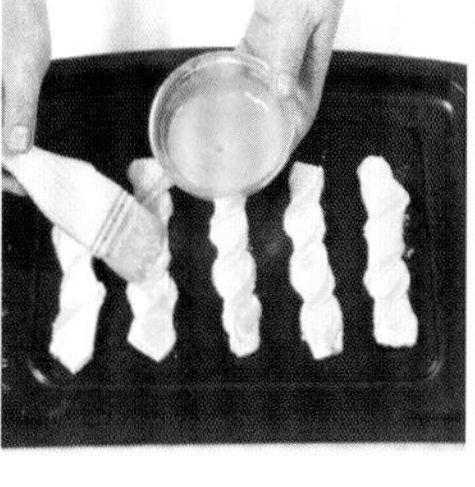

13 将两层酥皮压实后，分切成2厘米宽的长酥条。

14 两手各拿一端，反方向扭成扭纹状。

15 排上烤盘，松弛30分钟后，刷上蛋黄液。

16 入炉，以150℃的炉温烘烤，烤约40分钟至呈浅金黄色熟透后，出炉即可。

补血益智：

果仁合酥

所需时间
6 小时左右

材料 Ingredient

A：酥皮

清水	200克
砂糖	38克
全蛋	1个
中筋面粉	438克
奶油	45克
片状起酥油	250克
蛋黄液	适量

B：果仁馅

蛋糕碎	250克
砂糖	100克
奶油	50克
核桃仁碎	50克
花生碎	50克
提子干	50克
全蛋	30克
花生酱	30克

制作指导

所有起酥类产品在饼坯制作完成后都必须松弛，烘烤时才不易变形。

做法 Recipe

1 将酥皮部分的砂糖、中筋面粉、奶油倒入搅拌桶内，加入全蛋和清水。

2 将面团拌打至纯滑。

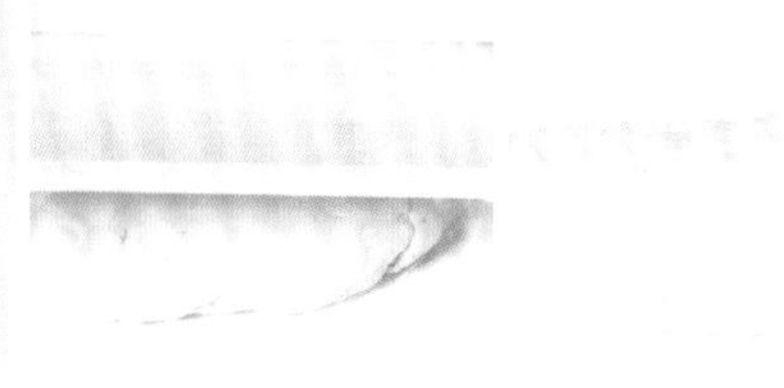

3 取出面团后，用保鲜膜包起。

4 静置松弛30分钟。

5 将松弛好的面团压薄擀开。

6 然后将片状起酥油包入。

7 将油皮擀成长方形薄皮。

8 两头向中间折起成四折层状，然后放入冰箱静置松弛1小时。

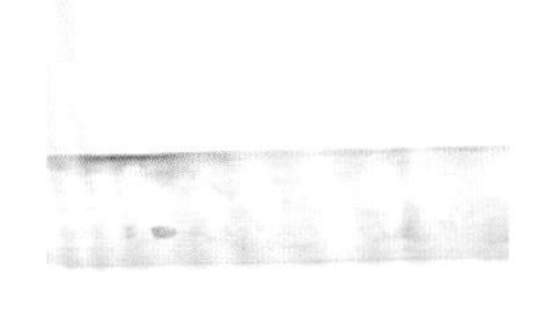

9 重复步骤7、8两次后，再擀薄成约3毫米厚的面皮。

10 用切模压出酥坯，备用。

11 将果仁馅部分的所有材料倒入搅拌桶内。

12 搅拌至完全均匀。

13 将酥坯排入烤盘，刷上蛋黄液，然后放入馅料。

14 取另一块酥坯盖上，将馅包紧。

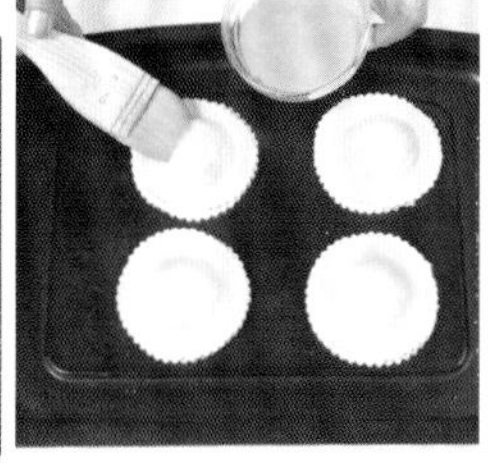

15 松弛约30分钟后，刷上蛋黄液。

16 入炉，以150℃的温度烘烤，烤约40分钟至金黄色熟透后，出炉即可。

香甜补血：

红豆酥条

所需时间 6 小时左右

材料 Ingredient

清水	200克	全蛋	1个
砂糖	38克	片状起酥油	250克
中筋面粉	438克	红蜜豆	适量
黄奶油	45克	蛋黄液	适量

制作指导

开酥必须有耐性，每次要松弛透，烘烤时才不易收缩。

做法 Recipe

1 将砂糖、中筋面粉、奶油倒入搅拌桶内，再加入全蛋和清水。

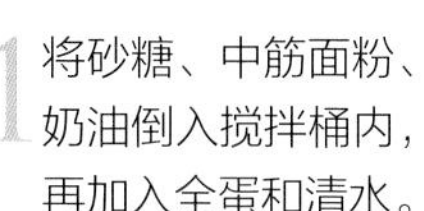

2 将面团拌打至纯滑。

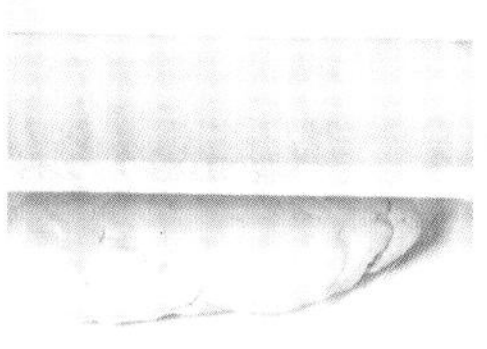

3 将面团取出后，用保鲜膜包起。

4 静置松弛30分钟。

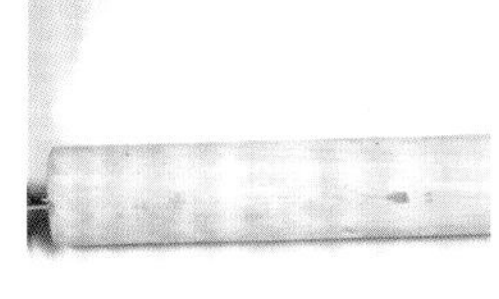

5 将松弛好的面团压薄擀开。

6 然后将片状起酥油包入。

7 将油皮擀成长方形薄皮。

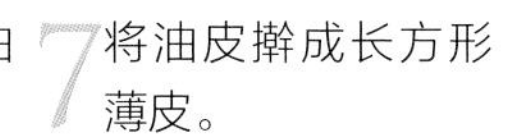

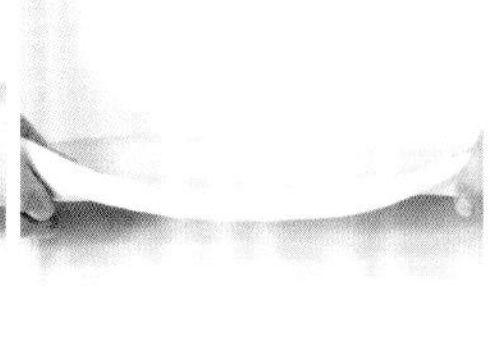

8 两头向中间折起成四折层状，然后放入冰箱静置松弛1小时。

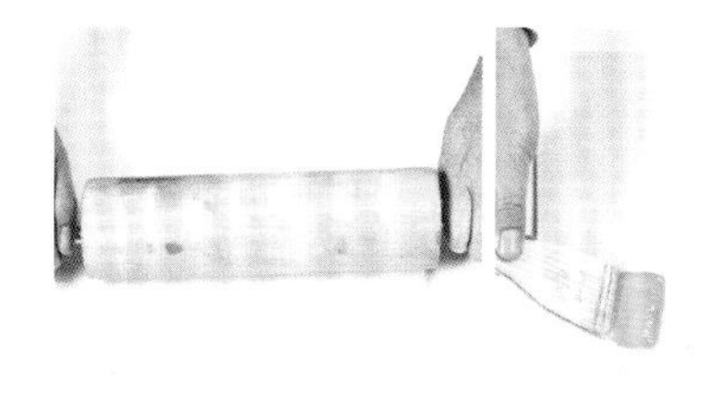

9 重复步骤7、8两次后，再擀薄成约3毫米的面皮。

10 将边皮切齐后刷上蛋黄液。

11 撒上红蜜豆，用另一边的皮将豆包起。

12 取刀分切成约4厘米宽的酥条状。

13 两头折起，然后在中间切开。

14 将切开的酥条其中一头反串穿成兔耳状，排于烤盘中。

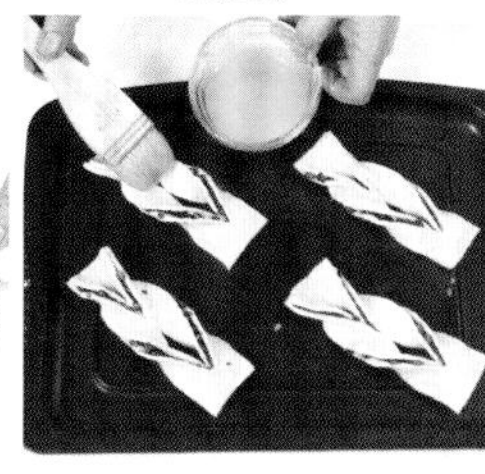

15 松弛30分钟后，刷上蛋黄液。

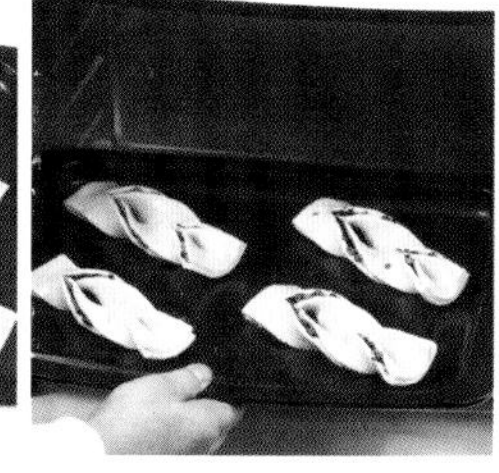

16 入炉以150℃的炉温烘烤约40分钟，至呈金黄色熟透后，出炉即可。

养心防衰：

瓜子仁脆饼

所需时间 60 分钟左右

材料 Ingredient

蛋清	80克	瓜子仁	100克
砂糖	50克	奶油	25克
低筋面粉	40克	奶粉	10克

制作指导

将面糊制作完后，先抹到高温布上入炉烤熟，取出分切成饼坯，再入炉烤至金黄色。

做法 Recipe

1 把蛋清、砂糖倒在一起，中速打至砂糖完全溶化。

2 加入低筋面粉、瓜子仁、奶粉，拌匀至无粉粒状。

3 加入溶化的奶油，完全拌匀。

4 倒在铺有高温布的钢丝网上。

5 利用胶刮抹至厚薄均匀。

6 入炉，以150℃的炉温烤约15分钟，烤干表面取出。

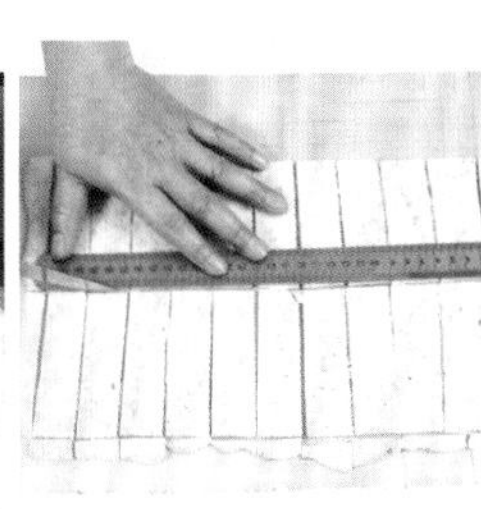

7 在案台上分切成长方形后，入炉继续烘烤。

8 烤约8分钟至完全熟透，出炉，待冷却即可。

小贴士 瓜子仁的作用

瓜子仁含丰富的不饱和脂肪酸、优质蛋白、钾、磷、钙、镁、硒元素及维生素 E、维生素 B_1 等营养元素，其所含的丰富的钾元素对保护心脏功能、预防高血压有颇多裨益。瓜子仁还含有丰富的维生素 E, 有防止衰老、提高免疫力、预防心血管疾病的作用。瓜子仁中所含的植物固醇和磷脂能够抑制人体内胆固醇的合成，防止血浆胆固醇过多，可预防动脉硬化。

香甜可口：

云石干点

所需时间 60 分钟左右

材料 Ingredient

奶油	160克	低筋面粉	200克
糖粉	80克	绿茶粉	20克
食盐	1克	清水	少许
全蛋	100克		

做法 Recipe

1 把奶油、糖粉、食盐倒在一起，先慢后快，打至奶白色。

2 分次加入全蛋，拌匀成无液体状。

3 加入低筋面粉，拌至无粉粒状。

4 取出放在案台上折叠，搓匀分成相等的两份。

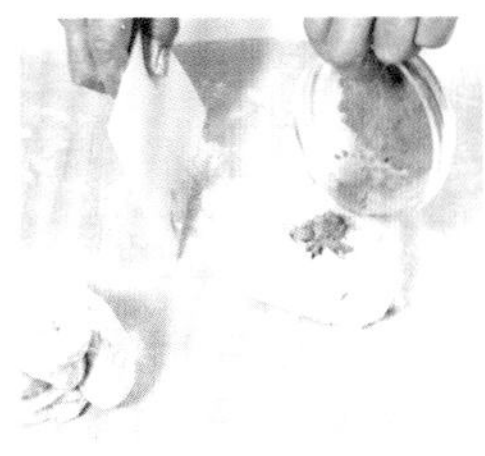

5 在其中的一份中加入绿茶粉搓匀，把两份不同的面团各分成两份。

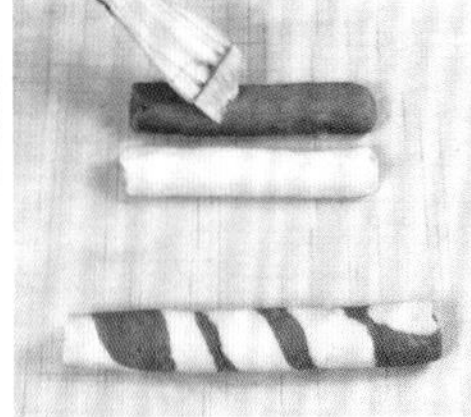

6 搓成长条状，把绿色和原色两条面团并排在一起，在表面刷少许清水。

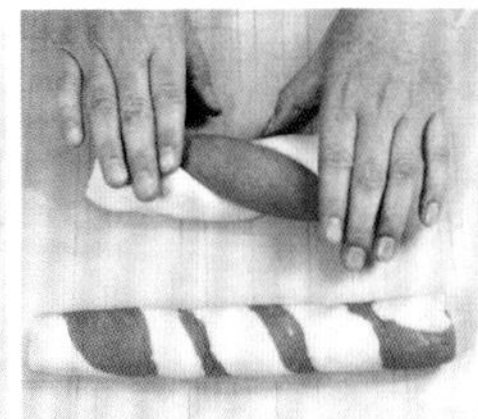

7 将两条不同色的面团扭搓在一起，放入托盘，入冰箱冷冻。

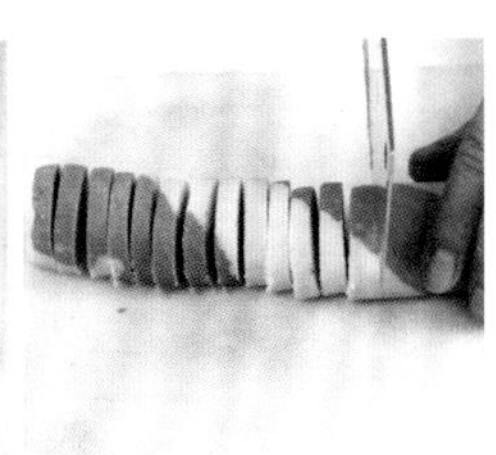

8 完全冻硬后取出，置于菜板上，切成厚薄均匀的饼坯。

9 摆入烤盘，入炉以150℃的炉温烘烤。

10 烤约25分钟，至完全熟透后出炉，冷却即可。

制作指导

面团色泽可自由搭配，烘烤时着色不宜太深。

鲜嫩爽滑：

蛋塔

所需时间
55 分钟左右

材料 Ingredient

A：塔皮

奶油	225克	奶香粉	6克
糖浆	165克	吉士粉	30克
蛋黄	5个	柠檬皮	少量
低筋面粉	555克		

B：塔液

砂糖	65克	三花淡奶	25克
鲜奶	75克	全蛋	2个
清水	75克		
鲜奶油	15克		

做法 Recipe

1 把塔皮部分的奶油、糖浆混合拌匀。

2 再分次加入蛋黄拌透。

3 加入低筋面粉、吉士粉、奶香粉、柠檬皮，拌匀成面团。

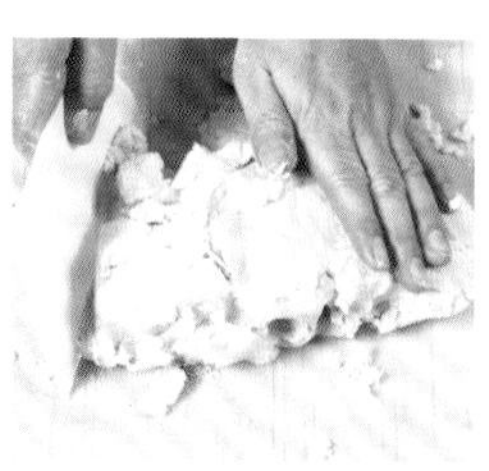

4 取出堆叠至纯滑。

5 擀成薄面片，用印模压出形状。

6 置于塔模内，用手捏到位，备用。

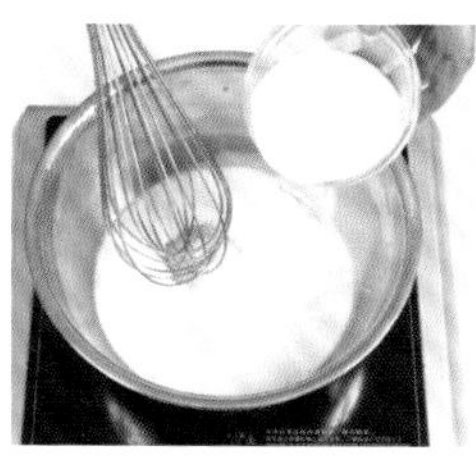

7 把塔液部分的砂糖、鲜奶、清水、鲜奶油、三花淡奶倒在一起，加热煮至砂糖溶化，离火。

8 冷却至35℃左右，加入全蛋完全拌匀。

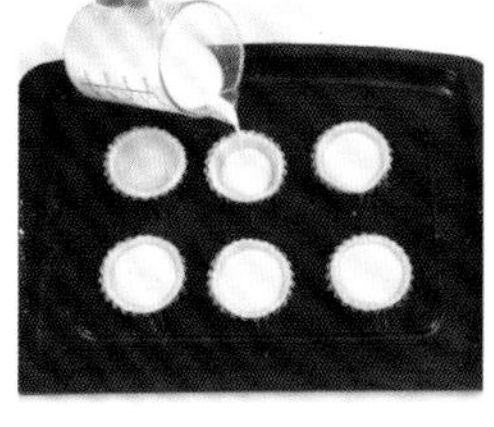

9 过滤后，用量杯倒入塔模里，以180℃的炉温烘烤。

10 烤约20分钟，至熟后出炉，冷却即可。

制作指导

控制好炉温，注意不要烤得塔液膨胀，以免影响成品的美观。

浓香酥腻：

花生曲奇

所需时间
60 分钟左右

材料 Ingredient

奶油	250克	高筋面粉	200克
糖粉	250克	吉士粉	20克
全蛋	160克	花生仁碎	200克
低筋面粉	250克		

做法 Recipe

1 把奶油、糖粉倒在一起，先慢后快，打至奶白色。

2 分次加入全蛋，拌匀成无液体状。

3 加入低筋面粉、高筋面粉、吉士粉，拌匀至无粉粒状。

4 加入花生仁碎，完全拌匀。

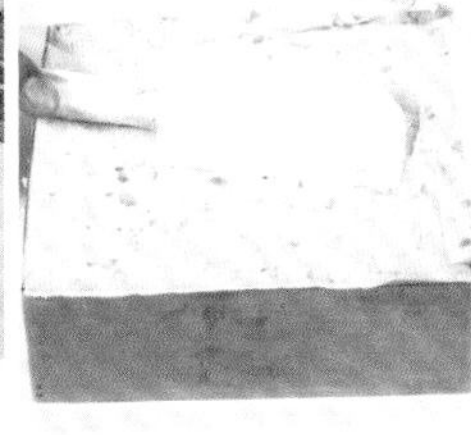

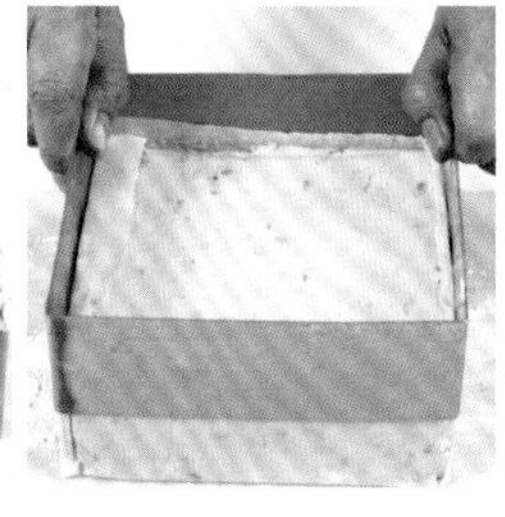

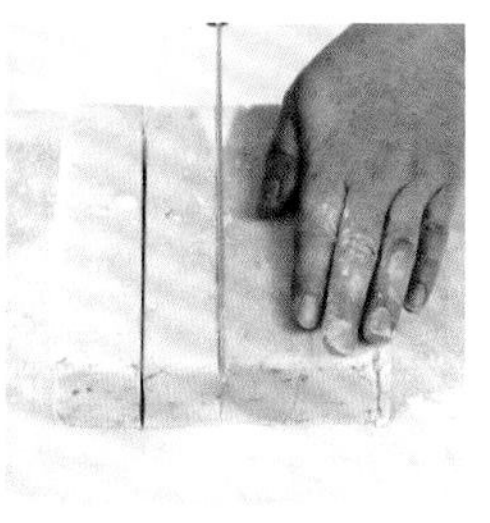

5 倒入已垫有白纸的方形模具内。

6 用胶刮压实，抹平，放入冰箱冷冻。

7 冻硬后从冰箱取出，脱模。

8 取走粘在边缘的白纸，分切成四个长条状。

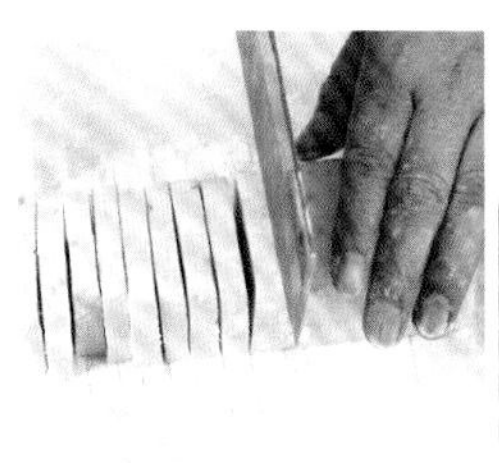

9 再切成厚薄均匀的饼坯。

10 排入烤盘。

11 入炉，以160℃的炉温烘烤。

12 烤约25分钟，至完全熟透后出炉，冷却即可。

制作指导

面团完成入模后，要压实压平。分切时要掌握好软硬度，以免使其变形。

香脆可口：

瓜子仁曲奇

所需时间 60 分钟左右

材料 Ingredient

奶油	225克	中筋面粉	420克
糖粉	200克	可可粉	20克
食盐	2克	瓜子仁	180克
全蛋	150克		

做法 Recipe

1 把奶油、糖粉、食盐倒在一起，先慢后快，打至奶白色。

2 分次加入全蛋，拌匀成无液体状。

3 加入中筋面粉、可可粉，拌至无粉粒状。

4 加入瓜子仁完全拌匀。

5 倒在垫好白纸的方形模具内。

6 用胶刮压实，抹至厚薄均匀，放入冰箱冷冻。

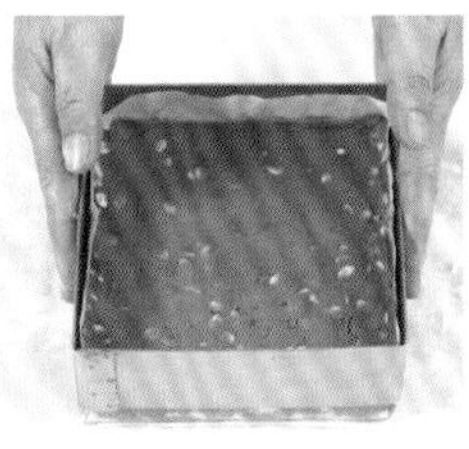

7 完全冻硬后取出，脱模。

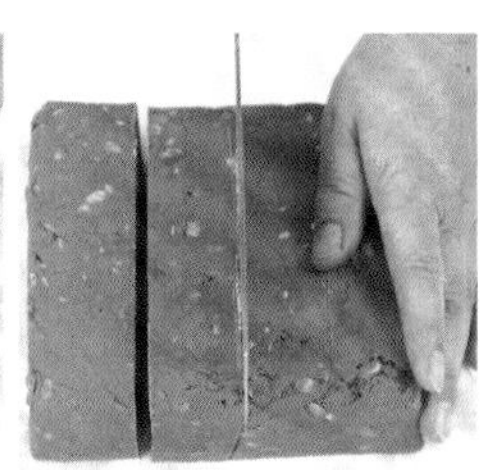

8 取走粘在边缘的白纸，分切成长条状。

9 再分别切成厚薄均匀的饼坯。

10 摆入烤盘。

11 入炉，以150℃的炉温烘烤。

12 烤约25分钟至完全熟透后出炉，冷却即可。

制作指导

入模压实后，要放入冰箱冻硬，分切时才不至于变形。

鲜美无匹：

海鲜派

所需时间
60 分钟左右

材料 Ingredient

A：派皮

奶油	225克
糖浆	165克
蛋黄	5个
低筋面粉	555克
奶香粉	6克
吉士粉	30克
柠檬皮	适量

B：馅

鲜虾仁	50克	黑胡椒粉	5克
鲜鱿鱼	50克	胡萝卜丁	80克
洋葱粒	30克	海鲜酱	适量
火腿丁	30克	食盐	适量
青红辣椒	30克	花生油	适量

制作指导

用热水烫一下，可去除鱿鱼本身的腥味。

做法 Recipe

1 把派皮部分的奶油、糖浆混合拌匀。

2 分次加入蛋黄，拌至完全均匀。

3 加入低筋面粉、奶香粉、吉士粉、柠檬皮，拌匀成面团。

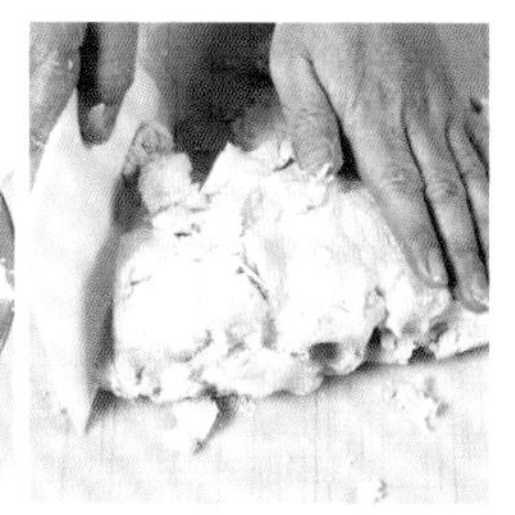

4 将面团用手堆叠至纯滑。

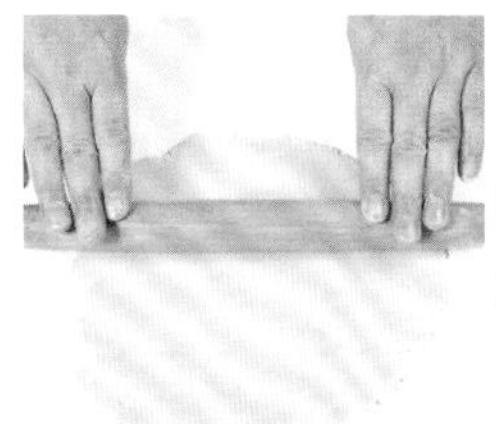

5 将面团擀薄。

6 卷起铺在派模内。

7 再压平模边。

8 用刀叉扎孔，备用。

9 锅中加清水，放在电磁炉上煮开，倒入鱿鱼粒，烫一下取出，沥干水分。

10 另起锅，加花生油烧热，倒入洋葱粒爆香，加入水和其他材料，边煮边搅拌。

11 炒至八成熟，离火，待冷却。

12 倒入派模内。

13 表面再盖一层擀薄的派皮。

14 刷上蛋黄液。

15 划出菠萝格，入炉以150℃的炉温烘烤。

16 烤约30分钟至熟透后出炉，冷却脱模即可。

图书在版编目（CIP）数据

零基础西式点心教科书：烘焙大师教你 118 种美味的西式点心一次就成功 / 黎国雄主编 . -- 南京：江苏凤凰科学技术出版社，2020.5
ISBN 978-7-5713-0445-4

Ⅰ . ①零… Ⅱ . ①黎… Ⅲ . ①西点 – 烘焙 Ⅳ .
① TS213.2

中国版本图书馆 CIP 数据核字 (2019) 第 120419 号

零基础西式点心教科书 烘焙大师教你118种美味的西式点心一次就成功

主　　编　黎国雄
责任编辑　倪　敏
责任校对　杜秋宁
责任监制　方　晨

出版发行　江苏凤凰科学技术出版社
出版社地址　南京市湖南路 1 号 A 楼，邮编：210009
出版社网址　http://www.pspress.cn
印　　刷　北京博海升彩色印刷有限公司

开　　本　718mm × 1 000mm　1/16
印　　张　16
插　　页　1
字　　数　210 000
版　　次　2020年5月第1版
印　　次　2020年5月第1次印刷

标准书号　ISBN 978-7-5713-0445-4
定　　价　45.00元